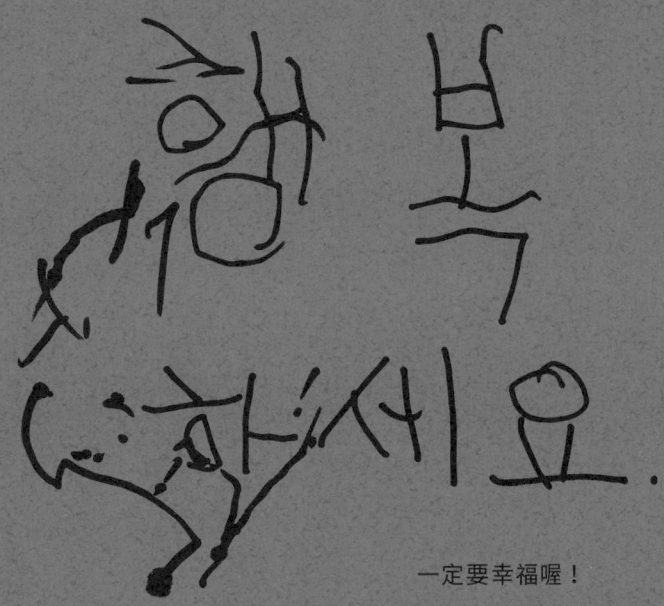

一定要幸福喔!

小爺爺宋寶眼中的福寶幸福肥日常

全知寶福視角

愛寶樂園野生動物園 宋永寬 著
柳汀勳 攝影

我之所以是寶物,是因為我能帶給你幸福。
當我看到你幸福的模樣,內心也充滿幸福。

請記得,
我們都是某個人心中的「福寶」。

prologue

驚喜的貓熊世界

介紹我的家人們

媽媽 愛寶

我的媽媽是愛寶，意思是「可愛的寶物」。她會溫暖地擁抱我，同時也把我養得很堅強！媽媽的美貌出眾，擁有「世界上最美貓熊」的綽號。她的個性溫和、沉穩且謹慎，不過一旦生氣起來，會變成可怕的貓熊，大家都不敢出現在她附近。所以，和媽媽摔跤或開玩笑時，總是要小心不越線。媽媽通常用左手吃竹子，她不挑食，所以吃得很均衡，我也努力學習她的飲食習慣。聽說媽媽從中國來到韓國時，曾經為了尋找喜歡的竹子，費了很大一番工夫。不過現在吃到了她喜歡的竹子，已經完全適應了韓國。咦？你說因為第一次來到貓熊世界，不知道誰是我媽媽嗎？如果你看見背上的黑色斑紋是U字形的貓熊，那就是我在這個世界上的最愛——我的媽媽愛寶！

讓我來介紹住在韓國龍仁市愛寶樂園貓熊世界裡美滿的一家！
因為我和媽媽、爸爸長得很像，可能會搞混，請打起精神來聽哦！

爸爸 樂寶

樂寶的意思是「帶來喜悅的寶物」，他是我爸爸，是世界上最帥氣的貓熊。我能擁有可愛的鼻子全都是爸爸的功勞。爸爸喜歡獨處，雖然有時候看起來有點孤單，不過聽說享受孤獨的浪漫貓熊就是這樣。爸爸說，他在世界上最愛的就是媽媽。因為太愛她了，即使很想見面也會努力忍住，然後在一年之中陽光最溫暖的那一天去找媽媽。我從來沒見過爸爸，直到我三歲的時候，才發現他就住在隔壁。他一直守護著世界上最美的媽媽和最可愛的女兒，讓我們能夠幸福地生活。爸爸希望我長大後成為像媽媽一樣的貓熊。我的爸爸是不是非常帥氣？爸爸最討厭的事情，就是吃穀物做的營養麵包窩窩頭時，卡在牙縫裡。他說那會讓牙齒變黃，讓他很在意，所以吃完窩窩頭後，他會花很多時間清理牙縫。看來得拜託小爺爺宋寶幫爸爸準備專用牙刷了。我的爸爸有雕像般的臉龐和勻稱的身材，腳上長著充滿野性魅力的帥氣毛髮。如果這樣還是認不出來，請觀察貓熊背上的黑色花紋是不是V字形！

小爺爺 宋寶

我要來介紹我特別的小爺爺宋寶。在我出生很久以前，小爺爺就幫自己取了「宋寶」這個綽號！媽媽和爸爸來到韓國之前，他還布置了貓熊世界這個我們一起生活的地方。

小爺爺總是用全身來表達對我的愛，從他的手勢、語氣、表情和眼神都感受到他滿滿的愛。我還記得他第一次把我抱在懷裡時，那怦怦作響的心跳聲！他親我的時候，我好想告訴他，我也有同樣的感受！小爺爺說，自從我出生之後，發生了好多改變。雖然要做的事情變多、也更忙碌了，但也因為我，他心中浮現了一件必須完成的心願。那就是透過文字和照片，與全世界的人分享我和我們一家的故事。我好期待宋寶要講的那些像寶物般充滿喜悅、愛與幸福的故事，我會認真看下去！

可愛的福寶

我叫福寶,是帶來幸福的寶物。我總是在我們一家人的中間,扮演讓我們寶家族團結在一起的角色,這就代表我是家裡的重心!嘿嘿!我在2020年7月20日晚上9點49分,作為一位健康的小公主誕生了,在媽媽肚子裡的121天裡,吸收愛的滋養,我變成了充滿幸福肥的快樂寶寶。雖然難以相信,但我現在還持續幸福肥中。對了!世界上最快睜開眼睛的貓熊就是我,多虧如此,我成為了非常特別的貓熊。我喜歡好好吃飯、好好睡覺,也喜歡爬上高聳又刺激的樹木,享受爬樹的冒險,還擁有將身體捲成一團滾來滾去的本領。人們說看到我這樣,會感到幸福,而我看到他們,也覺得自己很幸福。我長大後會變成像媽媽一樣漂亮的貓熊,還會遇到像爸爸一樣的貓熊,每一天都過得開開心心,請繼續關注我!

目錄

prologue 驚喜的貓熊世界！12

輯一 今天也是圓嘟嘟的我，福寶！

帶來幸福的寶物，福寶 （我真的很漂亮） 23
媽媽的懷抱 （我全都記得）24
健康檢查的日子 （我也是淑女）28
瞌睡蟲福寶 （我最喜歡吃飯和睡覺了）32
有其母必有其女 （我睡覺時，媽媽在做什麼）36
牙齒精靈 （給你舊牙，給我新牙）40
野生貓熊的第一步 （爬樹看看）43
竹子雨傘和竹子棒棒糖 （你知道宋寶的禮物有多甜嗎？）44
喀嚓喀嚓 （我很好奇）46
自拍模式 （還是很想知道）48
一心想著蘋果 （還是蘋果好吃）50
雙層床 1 （我喜歡這裡）52

愛寶 成為媽媽的女兒 （Ai LOVE Fu）54
從小就是明星！ （我的經紀人是宋寶）57
幸福總量法則 （慢慢珍惜使用）58
竹夫人的使用方法 （幸福是連蜂斗菜都擋不住的）60
小圓仔的身高測量 （別誤會我！）63
打掃王福寶 （我來幫忙！）64

宋寶 背著宋寶 （今天也為幸福充電！）71
Notes 帶來幸福的寶物，福寶 72

輯二 現在，為幸福充電中

捉迷藏 （找不到你，小黃鸝）79
小貓熊與氣球 （邀請你進入夢幻國度）82
為幸福充電 （睡眠品質非常重要）84
爬樹 （與昨天的我、明天的我相見）86
從樹上下來的方法 （這已經是最好的方法了！）90
Shall we dance? （我在天空中飛翔！）92
致秋天 （你的雙眼裡有幸福）94
搭遊樂設施的方法 （快來，你是第一次來愛寶樂園吧？）96
愛寶 冬天的洗澡1 （我的女兒，不是黑熊哦！）98
樂寶 冬天的洗澡2 （告訴你雪白毛色的祕密！）100
悄悄話？不，是親親 （小爺爺，上當了吧？）102
雙層床 2 （現在不再害怕夜晚了）104
苦難充電站 （為了幸福爬上櫸樹）106
樂寶 天空樹電影院 （人生電影的主角是我）109
吃笛子的女孩 （嘎吱嘎吱）110
熊生五格 （一、二、三，紅蘿蔔！）112
喚醒我的一束花 （長這麼大的我，看起來怎麼樣？）116
宋寶 八月的竹葉是愛（一定要記得哦）119
Notes 帶來快樂的寶物與可愛的寶物 120

輯三 今天也是毛茸茸又幸福的一天

竹葉使用說明書（擁有選擇好竹子的能力） 126
貓熊世界裡沉睡的福公主（用充滿愛的吻喚醒我） 128
福寶的解釋（極致的懶散還是徹底的勤奮） 133
核心的力量（要告訴你祕訣嗎？） 136
樂寶 培養柔軟度（好好生活的必備能力） 138
雙層床 3（我比較喜歡下舖） 140
三宋手機（獨立是什麼？） 142
愛寶 愛的車站（發車時間藏著祕密） 145
樂寶 去見春天（我是快樂達人） 148
獨立生活（今天是想念媽媽的日子） 152
雙層床 4（媽媽的溫暖一直都在） 154
愛寶 致獨立的福寶（用氣味信寄出我的愛） 157
天真爛漫的步伐（心情好的時候就會跑起來） 158
竹子眼鏡（視力好像突然變好了！） 160
帥氣的吉他手（我彈吉他，你唱歌） 164
夢想是愛寶（我會成為寶物！） 169
宋寶 關於被愛（要和我手牽手嗎？） 170
Notes 與寶家族相連的我們 172

輯四 告訴我，你今天有多愛我

想聽的話 1 （告訴我）178
想聽的話 2 （告訴我）180
只屬於我的笛子演奏會 （嘎吱嘎吱嗶嗶嗶嗶～）183
幸福是圓嘟嘟的 （不是一般的長椅，是我專屬的貓熊椅）184
夏天的竹杯 （用我的圓滾滾來融化冰杯）186
幸福在我身邊 （要全力以赴才行！）190
胖嘟嘟牙刷的333法則 （太好吃了，能怎麼辦呢！）192
宋寶來接我了 （但我還不想回去呢？）194
浪漫的小圓仔 （春天來了，要唱首歌嗎？）196
樂寶 每一天都充滿喜悅 （因為擁有愛與幸福相伴）198
雙層床 5 （用圓滾滾的幸福填滿上舖）200
愛寶 幸福的疑問 （與福寶度過的每一刻，就是幸福）202
功夫貓熊福寶 （為了貓熊世界的和平出動！）204
貓熊世界的福公主 （我要遇見屬於我的王子）208
貓熊與宋！（你不是孤單一個人）213
幸福的課題 （請別拖延）215
我們永遠的小貓熊 （我們遇見幸福）216
宋寶 你、我還有我們（我對你，你對我）220
Notes 母親般的心 222

epilogue 我們是貓熊世界的寶物家族 226
給親愛的福寶 232
作者的話 幸福的動物園 242

輯一

今天也是圓嘟嘟的我,福寶!

帶來幸福的寶物，福寶

> 我真的很漂亮

各位，我想問你們一個問題，我漂不漂亮？這邊的朋友，謝謝你們說我漂亮。那邊的朋友，謝謝你們說我可愛。啊，這是什麼？是跟我的名字一樣的玫瑰，它叫「福寶玫瑰」！我住的地方有一位栽種大花園的玫瑰大師，聽說為了紀念我出生，特別將「愛寶樂園玫瑰」中的一個品種，以我的名字命名，而且這種玫瑰花是專為嗅覺敏感的我所培育的，香氣不會太濃烈！我非常感謝玫瑰大師！之後我一定要送一束對身體有益的竹子給他。聽完這個故事後，是不是覺得我看起來更漂亮了呢？對了，別誤會！不是因為「福寶玫瑰」讓我看起來漂亮，而是因為漂亮的我讓「福寶玫瑰」顯得特別。你知道嗎，我呢，是帶來幸福的寶物，福寶。我會越來越漂亮，比現在還要更美！

媽媽的懷抱

我全都記得

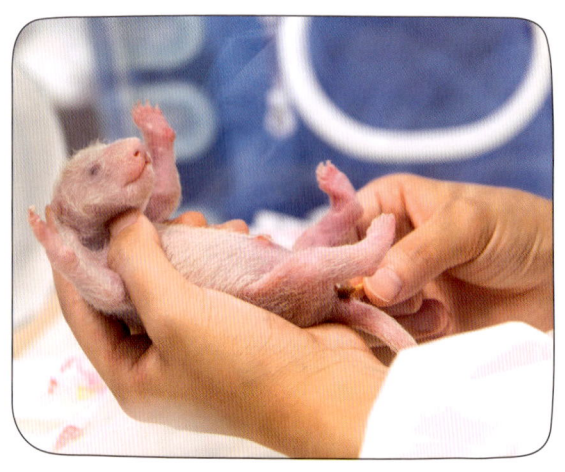

要不要看看我小時候的照片？是一個197公克的粉紅色小肉球。那時候的我沒有毛，也睜不開眼睛，什麼事都沒辦法自己做。於是，我只能依偎在這世界上最溫暖、最安全的媽媽愛寶懷裡，受到她溫柔的呵護。多虧了媽媽，我一天一天健康成長茁壯。我那親愛的媽媽為了照顧我，長時間待在同一個地方生活。那段時間，媽媽的背也因此受了傷。那應該很痛，但媽媽一直照顧著我，直到我能自己走路為止。媽媽溫暖的懷抱，正是我的起點。雖然現在我們分開了，但只要想到媽媽，我就能感受到那份愛，心裡也會變得溫暖又安定。謝謝媽媽把我養育成一隻能獨立完成一切的快樂貓熊。

健康檢查的日子

我也是淑女

今天是要仔細確認我長得有多健康的一天,看起來是小爺爺宋寶來幫忙呢!他會測量我的體重、身高、腹圍、脖圍、頭圍,還有前腳和後腳的長度等身體尺寸,再對照其他小貓熊的紀錄。雖然我還是個小不點,但這樣到處公開淑女私密的身體數據,還是會有點害羞啦。嘖,或者至少體重可以保密一下,不行嗎?咦?

要掉下去了啦,幫我換一個能裝得下我幸福肥的籃子吧!

你有看到嗎?我嘴巴下排那些雖然還很不明顯,但像米粒一樣小又珍貴的牙齒?

瞌睡蟲福寶

> 我最喜歡吃飯和睡覺了

吃得好、睡得好非常重要。

吃東西有多重要，睡覺就有多重要；而睡覺有多重要，吃東西也就有多重要。

因為吃得好才能睡得香，睡得香才能吃得好。

我一天大約有一半時間在吃，另一半時間在睡。總之對我來說，吃飯和睡覺是最重要的事。

所以我打算把這個習慣一路帶到八十歲！

有其母必有其女

我睡覺時,媽媽在做什麼

即使在睡覺,我和媽媽還是相連的。從我們一起睡覺的樣子就可以看得出來。看到我們這副模樣的小爺爺宋寶會說,媽媽是「PANDA」,而我還是「panda」。咦?明明我們都是貓熊,怎麼我還只是「小貓熊」呢?不太懂是什麼意思。

媽媽只有在確定我熟睡之後，才會悄悄起身去安靜吃飯。就算在吃飯，媽媽也還是非常關心我。如果我說了夢話或翻身，她會立刻停下動作，觀察我好一陣子，確認我沒事後才繼續吃飯。為了讓媽媽可以安心吃飯，我也會假裝安靜熟睡。但有時候會忍不住想打噴嚏，還曾經嚇到正在吃飯的媽媽呢，嘿嘿，怎麼樣，不過我還是很貼心吧？

啊！媽媽好像吃完飯，要回到我身邊來了。等等哦，這次是輪到和媽媽一起往右邊翻身的時間啦，嗨喲～！

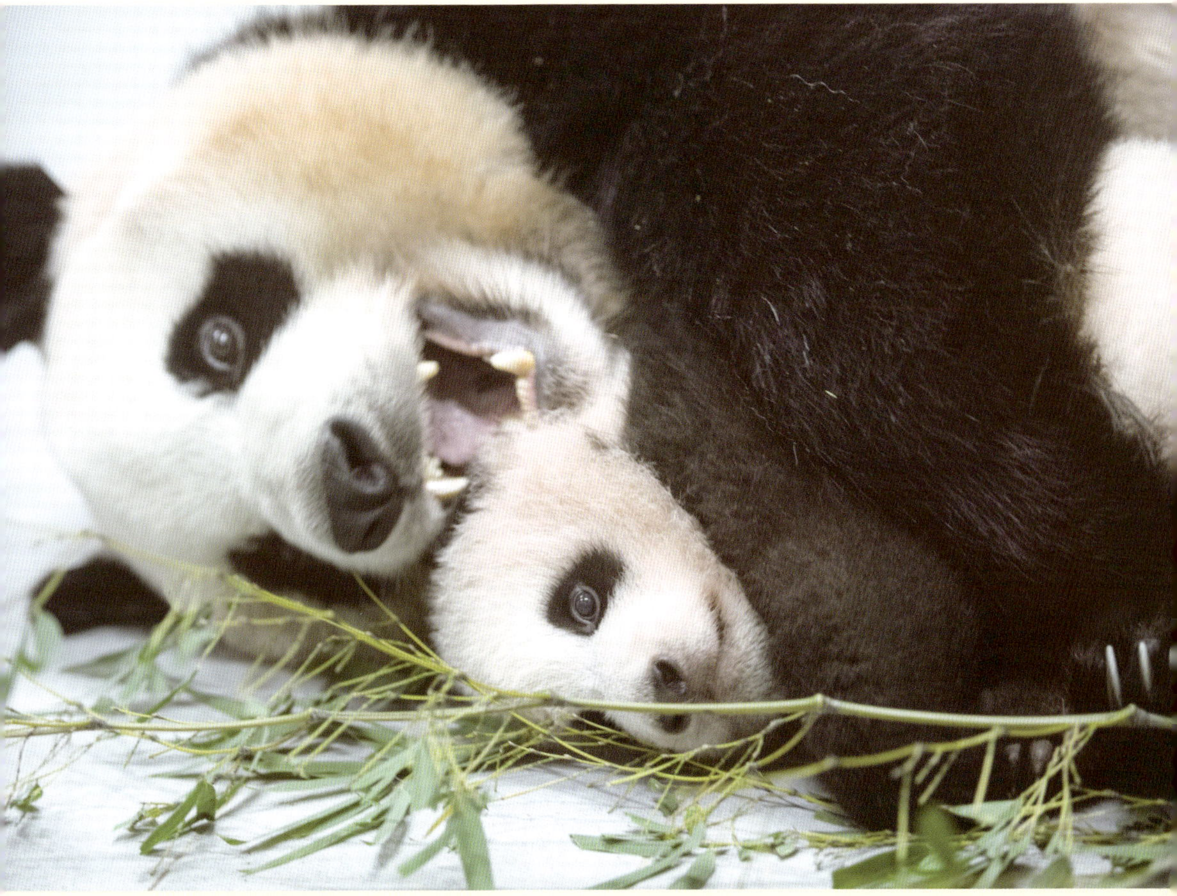

牙齒精靈

給你舊牙，給我新牙

我正在寫信給牙齒精靈，想用掉下來的舊牙齒換一顆新牙齒，嘿嘿！乳牙長出來的時候，嘴巴真的好癢哦，這時候咬一根大小剛剛好的木頭，會非常舒服。今天選中的就是這傢伙啦，嚼，嚼！媽媽正在吃竹子，如果我能趕快換掉乳牙，長出強壯的新牙齒，就能坐在媽媽旁邊一起吃好吃的竹子給大家看了。到時候我們還可以比一比誰吃得更漂亮、吃得更香、吃得更多呢！希望那一天快點來臨。等一下，我在這裡聞到了媽媽的氣息，好像是媽媽留下的訊息呢。雖然我還不太會讀媽媽留下的氣味訊息，但我慢慢開始知道，到處都藏著媽媽的信。這個世界真的有好多事要學習啊。

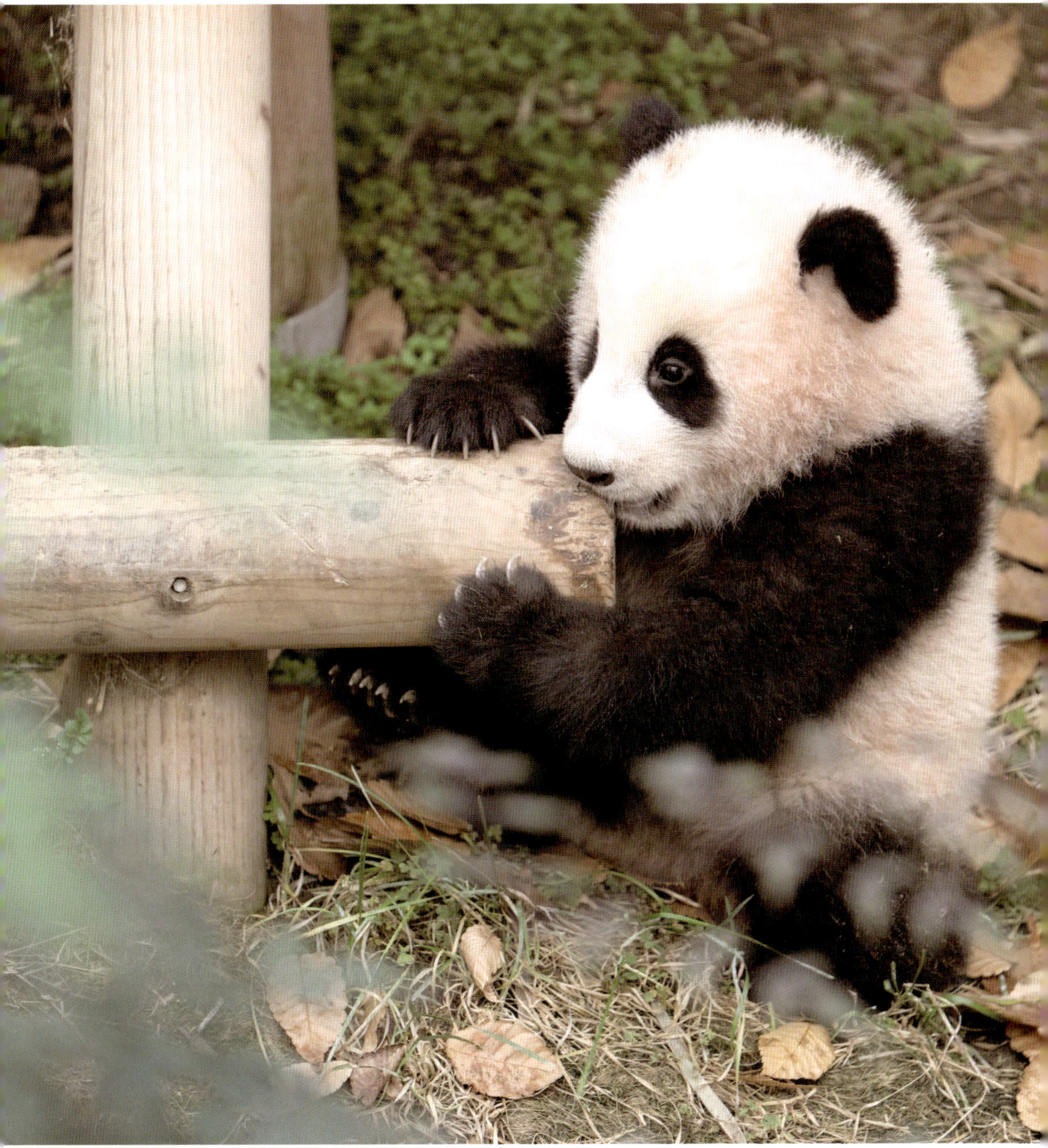

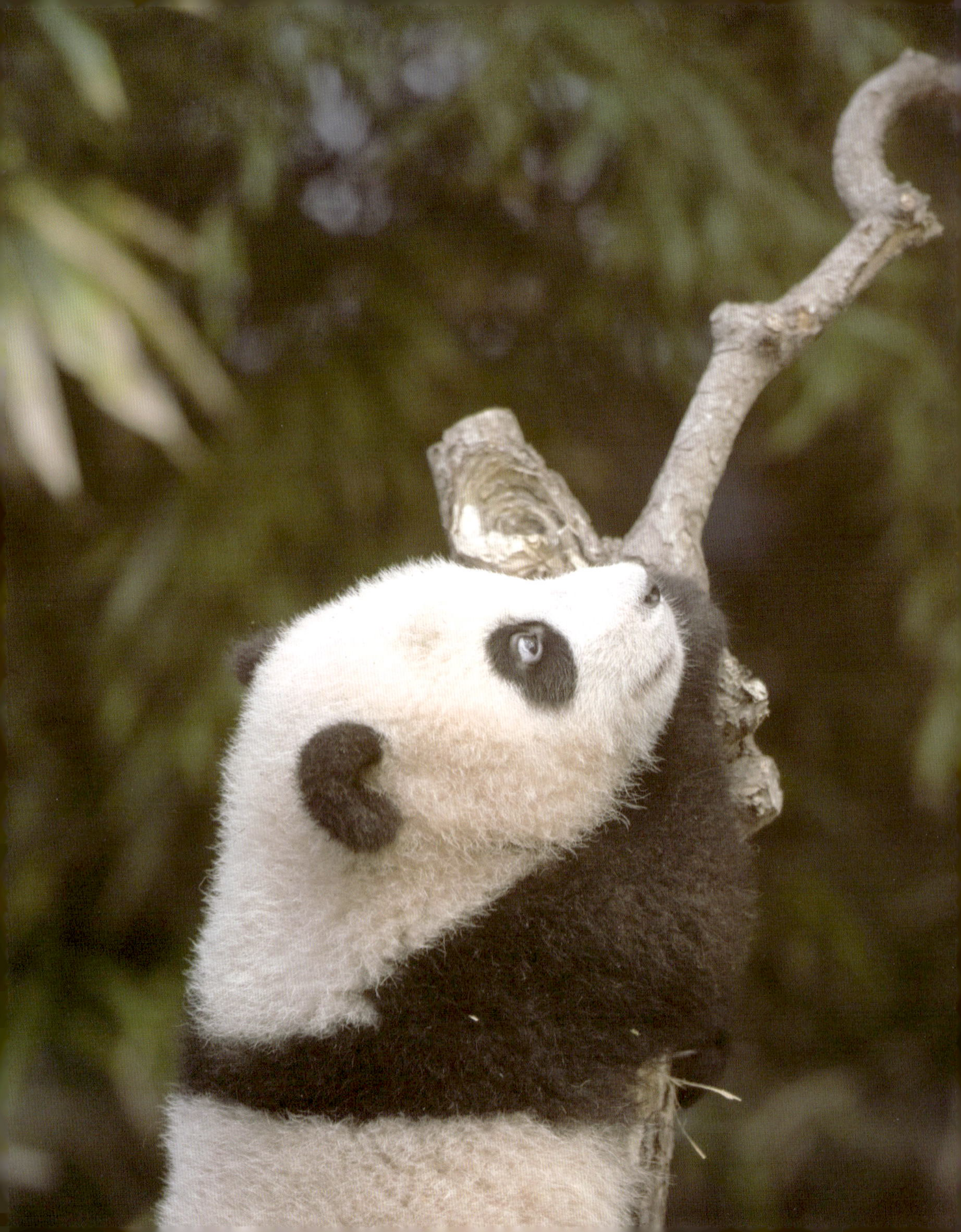

野生貓熊的第一步

爬樹看看

我正在練習爬樹。媽媽說，貓熊要很會爬樹，所以必須一直練習再練習。現在我還不太會爬，常常「咚」一聲摔下來，是再正常不過的事了。在危險來臨的時候，高高的樹上才是最安全的地方。我不會放棄，只要鼓起勇氣爬上樹，暫時將身體交給它，危險的時刻很快就會過去吧？然後我就能再次回到地面，繼續開心玩耍。什麼？不用擔心那些啦，雖然我沒有你想的那麼輕，但樹枝也比你想的還要結實，不會斷掉的。我一定得做到，之後才能爬上更高的地方。因為危險隨時都可能出現，而我，是時刻都不會放鬆警戒的野生動物福寶！

竹子雨傘和竹子棒棒糖

你知道宋寶的禮物有多甜嗎？

宋寶的手真的好巧啊，每當我覺得無聊的時候，他就會做禮物給我，而且是用我喜歡的材料。某個下雨天，他說想看看撐傘的福寶，於是將一把用竹子和紅蘿蔔做成的雨傘放到我手中。

在那個據說會把糖果送給喜歡的人來告白的日子，宋寶也送了我一根用竹子和紅蘿蔔做成的棒棒糖。你問我棒棒糖好不好吃？真是的，甜得不得了啊！那棒棒糖散發的香氣連白粉蝶都著迷，還飛過來停在上面呢，我們兩個都嚇了一跳，是真的啦～！

喀嚓喀嚓

我很好奇

嗯？宋寶又來了。最近他常常帶著一個方形、只有手掌大小的奇怪物體過來，而且老是拿來對著我，好像在說「看這裡」似的吸引我的目光。其實我也不知道那到底是什麼，但只要我的眼睛看向那個方形物體，或者張大嘴巴的話，它就會發出「喀嚓喀嚓」的聲音，而宋寶在那個方形物體的另一頭看著，看起來非常幸福。從他的眼神和表情裡，我可以感覺到他真的很喜歡我，我也因此感到很開心，甚至有種我送了他一份好禮物的感覺。明天我要擺出更多不同的表情和動作來讓他開心。這樣的日子越來越多，我真的覺得好幸福。而且，我也一直很好奇那個方形物體的背面到底是什麼。

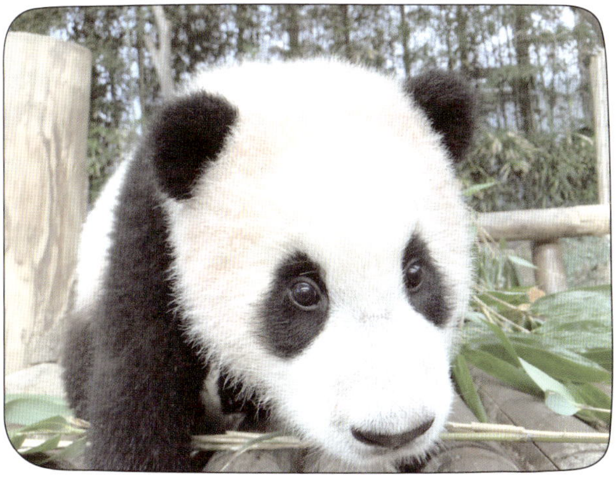

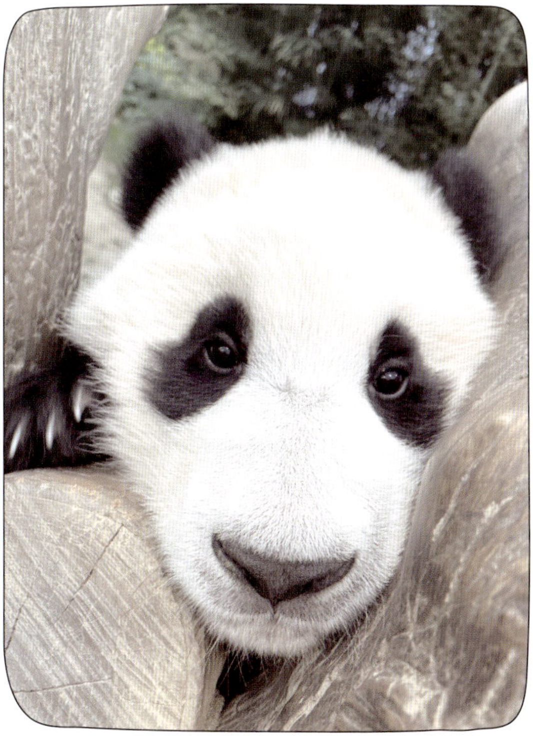

自拍模式

還是很想知道

看到我對那個方形物體充滿好奇，於是宋寶跑來幫我啦！他給我看了那個物體的另一面，我嚇了一跳。另一邊的螢幕出現了一隻長著黑色跟白色的毛、小小的、圓滾滾的，還有點髒的可愛傢伙，正用驚訝的眼神看著我呢！真的好神奇。在那小小的物體裡，不只有那個小傢伙，還有他住的村子。那麼小的一個東西，怎麼能裝得下那麼大的世界呢？我太好奇了，所以一直盯著螢幕看。而裡頭的那個傢伙好像也跟我一樣，一直用驚訝的眼神望著我。

現在我知道了,那個傢伙就是我,而他身後的世界就是我住的地方。我還看到宋寶跟我一起出現在那個方形物體裡的模樣。他一邊安撫我慌張的情緒,一邊溫柔告訴我:那隻小熊就是圓滾滾的福寶。嘿嘿,現在我可以和那個傢伙一起進入方形物體裡展開冒險了!

一心想著蘋果

還是蘋果好吃

我今天決定不回家了，因為我早就計畫好，今天行程結束後要玩什麼了。來，聽我說說看，首先要去戶外一邊吃蘋果，一邊慢慢散步，然後再吃竹子。吃著蘋果玩涼快的水，再爬上櫸樹的頂端看日落……總覺得一定要邊吃蘋果邊欣賞才對！我還跟住在村子裡的朋友們──呱寶、啾寶、咕咕寶約好一起……好像也是在吃蘋果的時候約的。等一下，但這裡是哪裡？這裡好像是回家的路……總覺得家裡好像有又甜又好吃的蘋果在等著我。看來，我可能得取消和朋友的約了，要跟大家說聲對不起才行……對吧？今天不知怎麼一回事，滿腦子都是蘋果、蘋果、蘋果，果然還是蘋果好吃。

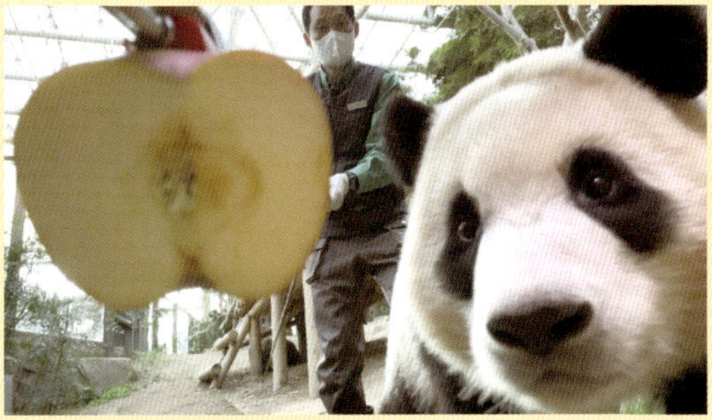

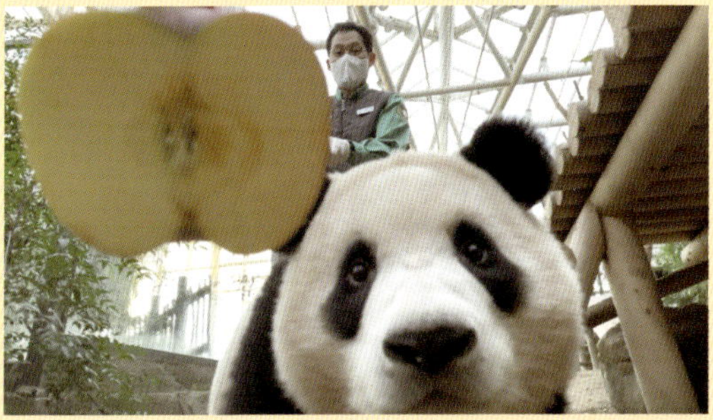

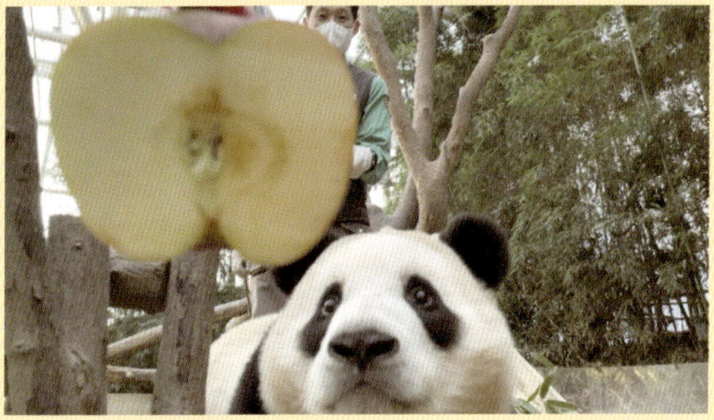

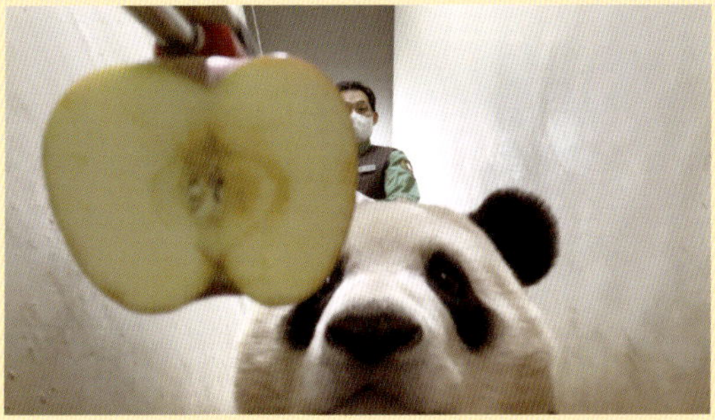

雙層床 1

我喜歡這裡

我喜歡這裡,這裡是我和媽媽一起睡的雙層床。我喜歡睡在上舖,媽媽則喜歡睡在下舖。我喜歡睡在高高的上舖,因為可以做很多有關冒險的夢。其實,對個子小的我來說,光是爬到上舖就是一場冒險,呵呵。我身形嬌小,就算和媽媽一起睡在上舖也沒問題,不過媽媽說她覺得下舖更舒服。但是我知道,當我在上舖睡著後,媽媽會悄悄爬上來看我,有時候還會躺在我旁邊陪我睡一陣子,然後又默默下去。所以我很喜歡這個有媽媽陪伴的地方。

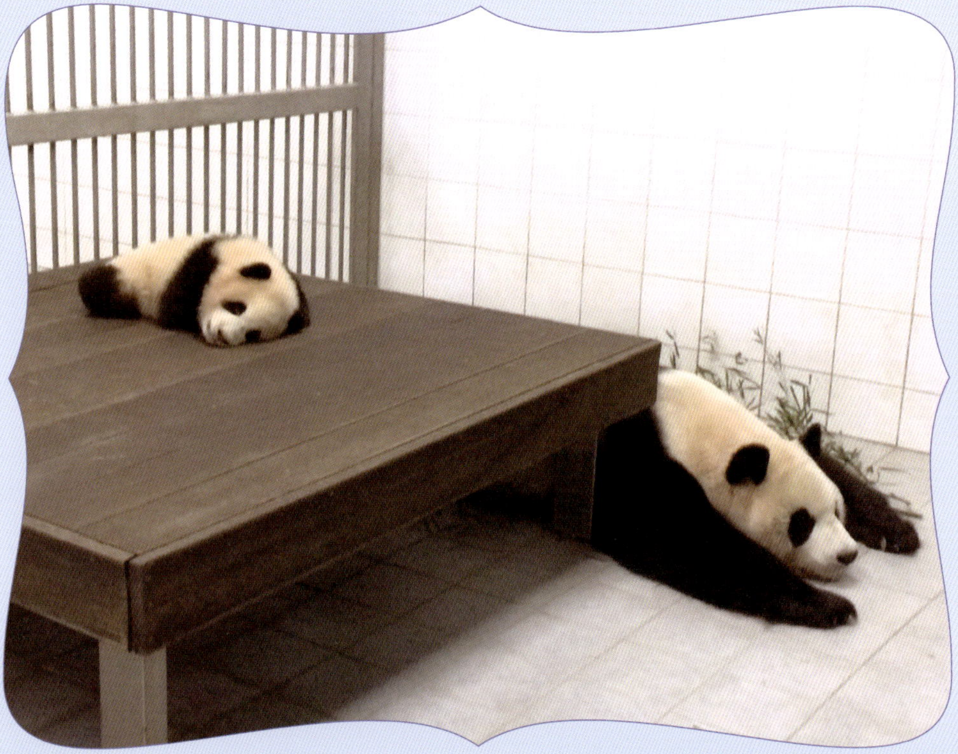

成為媽媽的女兒

Ai LOVE Fu

媽媽的愛，怎麼會有條件呢？我毫無保留地付出一切，只要看到健康長大的福寶，就心滿意足了。身為一位新手媽媽，我對育兒其實很陌生，每當回想起對那小傢伙嚴厲的時刻，就會感到愧疚。可以和福寶生活在同一個空間裡，一起呼吸，看她健康成長的模樣，對我來說是無比的幸運與幸福。我只希望福寶能記得我是一位好媽媽。

真是神奇啊，那小傢伙的眼睛就像時光機的按鈕一樣。每當我與她對視、望著彼此時，看到她那雙只相信我的純真眼神，我就會時不時在她身上看見小時候的自己，就像我看著她、輕撫她一樣，我也會想起用滿懷愛意的眼神看著我、用滿是溫柔的雙手輕撫我，並將一切毫無保留都給我的媽媽。當時看著我長大的媽媽，應該也有和我一樣的想法和感受吧。總覺得，媽媽當年也是懷著這樣的心情撫養我長大。不知不覺間，我成為了帶著遲來的思念生活的女兒，同時也是福寶的媽媽了。

是啊，母女之間，怎麼會有條件呢？今天，我有好多話想問記憶中的媽媽，也想被好好稱讚。媽媽，我做得很好對吧？我也想提早跟未來也會將這一切做得很棒的福寶說：

媽媽非常愛你，永遠為你加油。

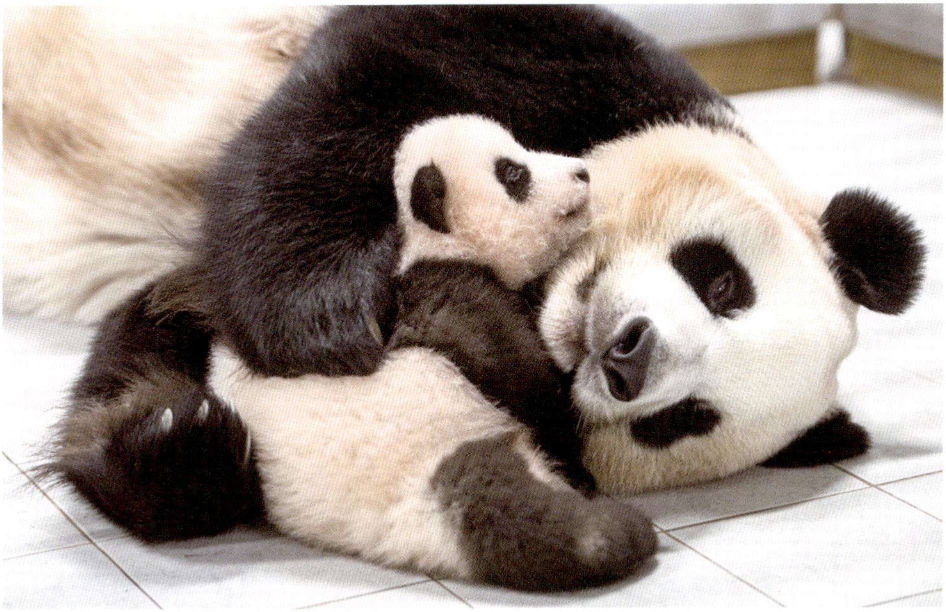

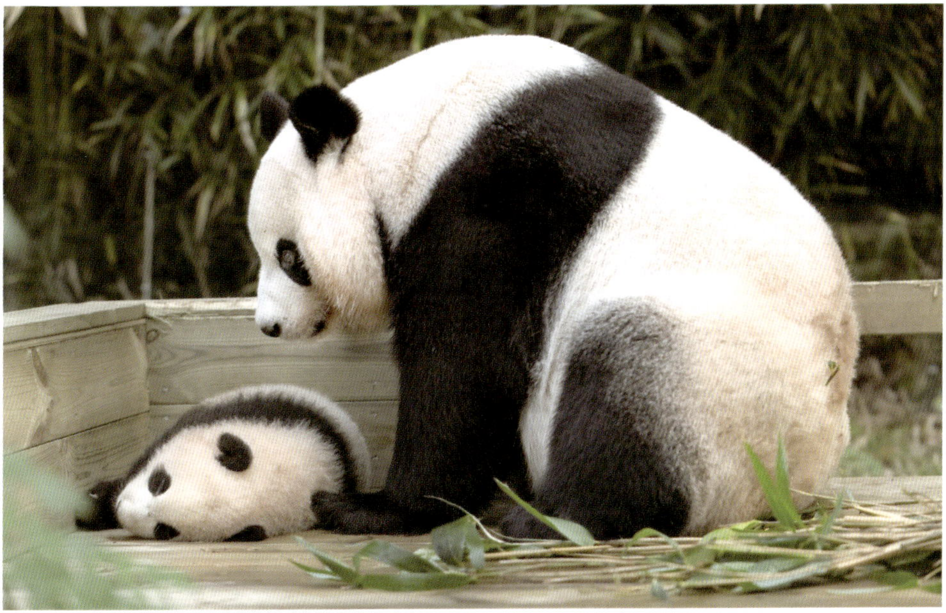

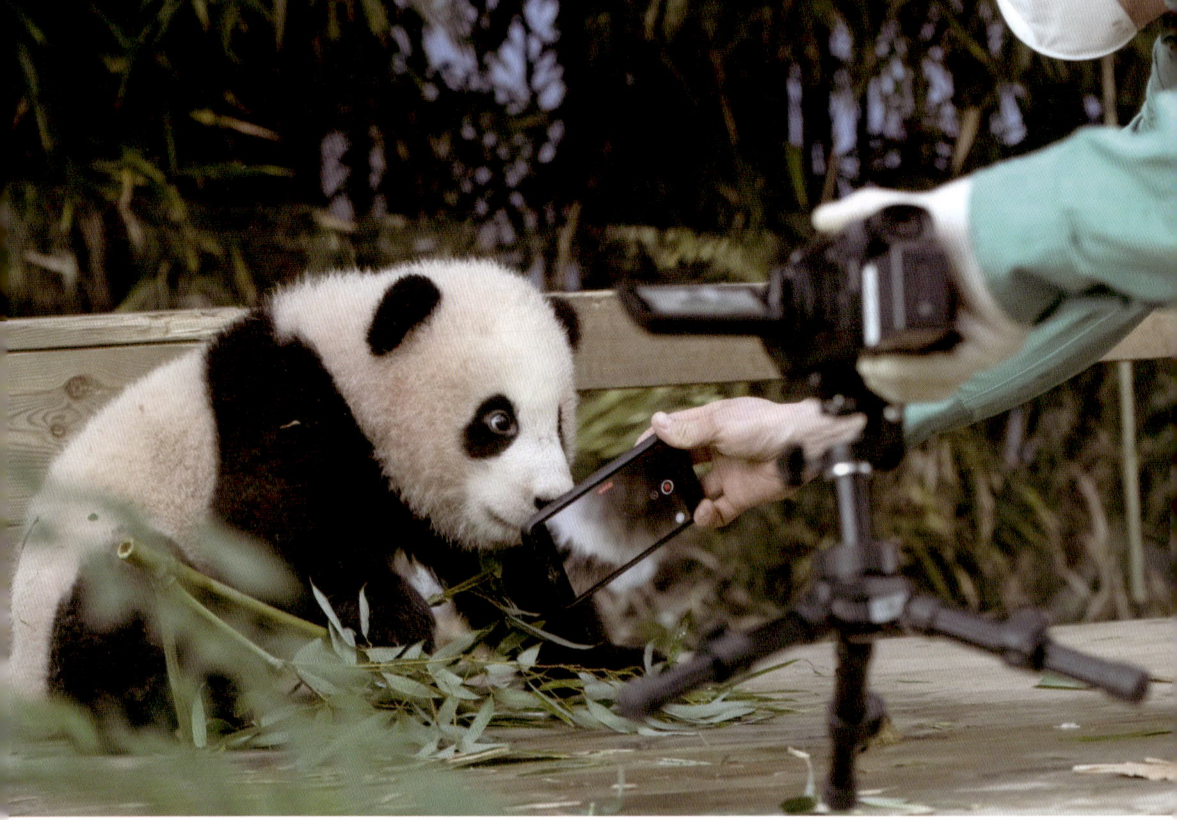

從小就是明星！

我的經紀人是宋寶

你是從YouTube上認識貓熊世界的寶家族嗎？看了我們的日常生活，讓你的一天都充滿幸福嗎？聽了很有成就感呢！你竟然從我出生開始，就看著我一天一天快速長大，真的非常感謝你！什麼？啊，我有聽過那個節目，你説想邀請我出演？等等，我要先跟我的經紀人宋寶討論一下。宋寶是我的專屬攝影師也是經紀人！他讓我每天都過得更開心、更幸福！宋寶説，我從小就有明星體質，非常會找鏡頭、看鏡頭，厲害到大家都覺得很神奇呢！

怎麼樣，我們是不是天作之合？
福寶與宋寶，「貓熊與宋」，會永遠在一起的！

幸福總量法則

慢慢珍惜使用

不好意思，今天讓你看這麼一點點就好。

要是一次就看完我如此耀眼的美貌，

你的眼睛可能會被閃到睜不開哦。

竹夫人的使用方法

> 幸福是連蜂斗菜都擋不住的

宋寶為怕熱的我製作了竹夫人。抱著竹夫人睡覺的時候,微風會從洞裡輕輕吹進來,非常涼快。再加上熟悉的竹子香氣,我感到舒服又清爽。以前抱著原木睡覺會流汗,還得常常換姿勢,但自從抱著竹夫人睡覺後,就沒有這些困擾了,好喜歡。也因為這樣,我學到了世界上有非常多神奇又厲害的東西。

當光太亮需要眼罩的時候，宋寶會用蜂斗菜蓋住我的眼睛和額頭。他怎麼這麼厲害，一下子就知道我需要什麼，還能馬上幫我準備好？這次要不要請他坐在旁邊幫我用扇子搧風呢？嘻嘻，當然不行對吧？會被唸吧？會被罵吧？我會忍住的。貓熊也是坐了就想躺，躺了就想睡呢，嘿嘿。

幸福是連蜂斗菜都擋不住的！

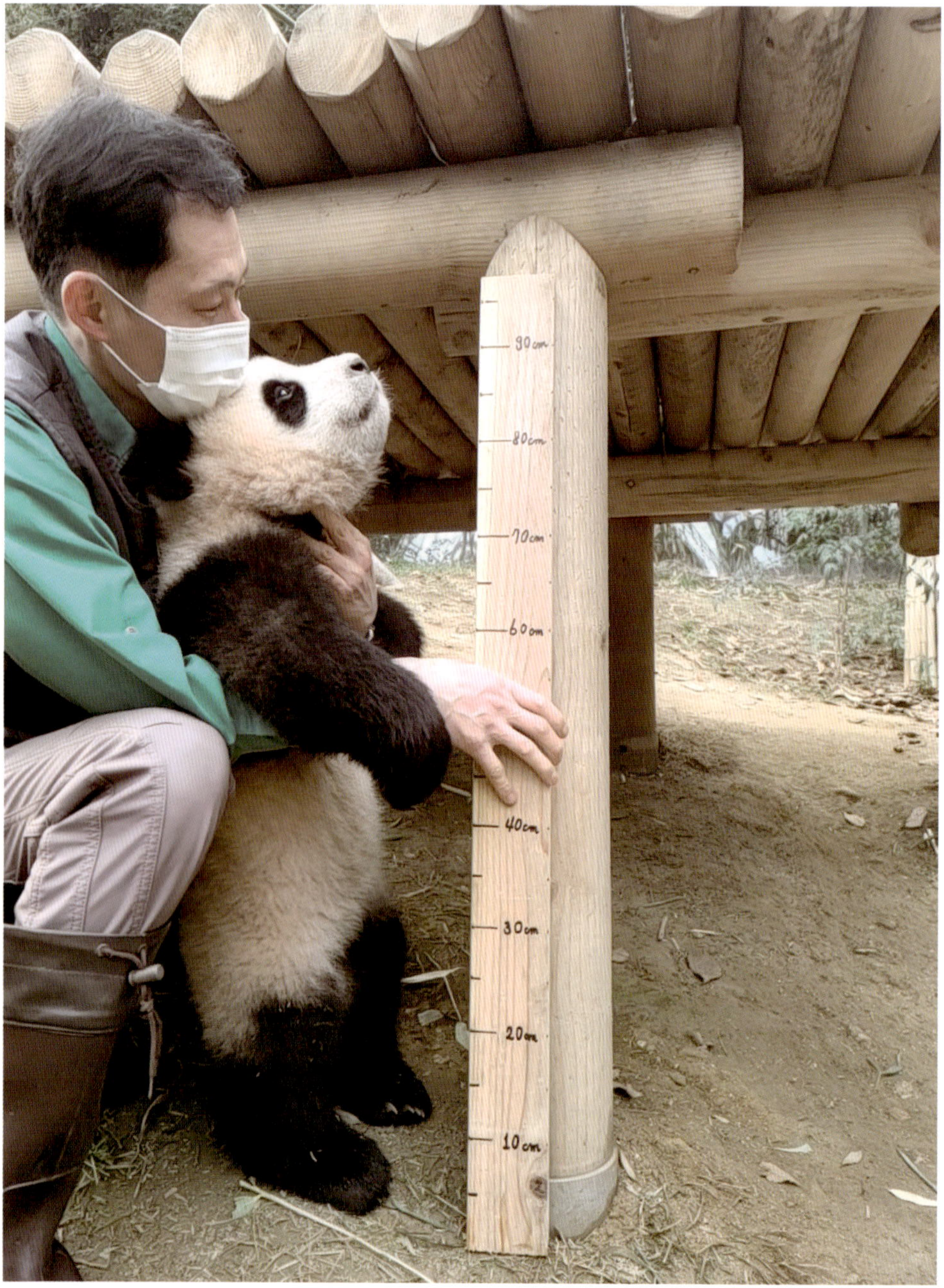
90cm
80cm
70cm
60cm
40cm
30cm
20cm
10cm

小圓仔的身高測量

別誤會我！

因為我的體重比朋友們重了不少，常常被誤會成胖胖的。（我再說一次，是誤會哦！）所以我決定量一下身高，看看自己長多高，然後和同齡朋友們比一比，如果真的比朋友們矮的話……好吧，我就承認。可是假如我的身高比較高，那就請說我是「圓圓的」（不是胖！）知道了嗎？緊張的時刻來了，宋寶，要扶好我哦！這對我來說很重要。噓！我踮了腳，這是祕密哦，嘿嘿，你看，我是不是很高？福寶只是「圓圓的」啦！

打掃王福寶

我來幫忙！

哦，等等，宋寶好像在那裡做什麼有趣的事，福寶要出動去確認一下才行！喂，先暫停一下，你在那裡做什麼？自己一個人在玩什麼好玩的遊戲？別這樣，跟我一起玩，好不好？你為什麼要把落葉裝進籃子裡？我的心也跟著落葉沙沙作響的聲音興奮得跳起來了！給我那根竿子，我也想試試看，哎呀，拜託！給我嘛，我也可以做得很好哦，是這樣、這樣對吧？嘿嘿，我很厲害吧？要不要牽著我的手一起踩落葉呢？像跳舞一樣。別害羞，我會好好帶你跳的，哎呀，你要去哪，別逃走啊！不是說好要繼續跟我玩落葉遊戲了嗎！快回來！

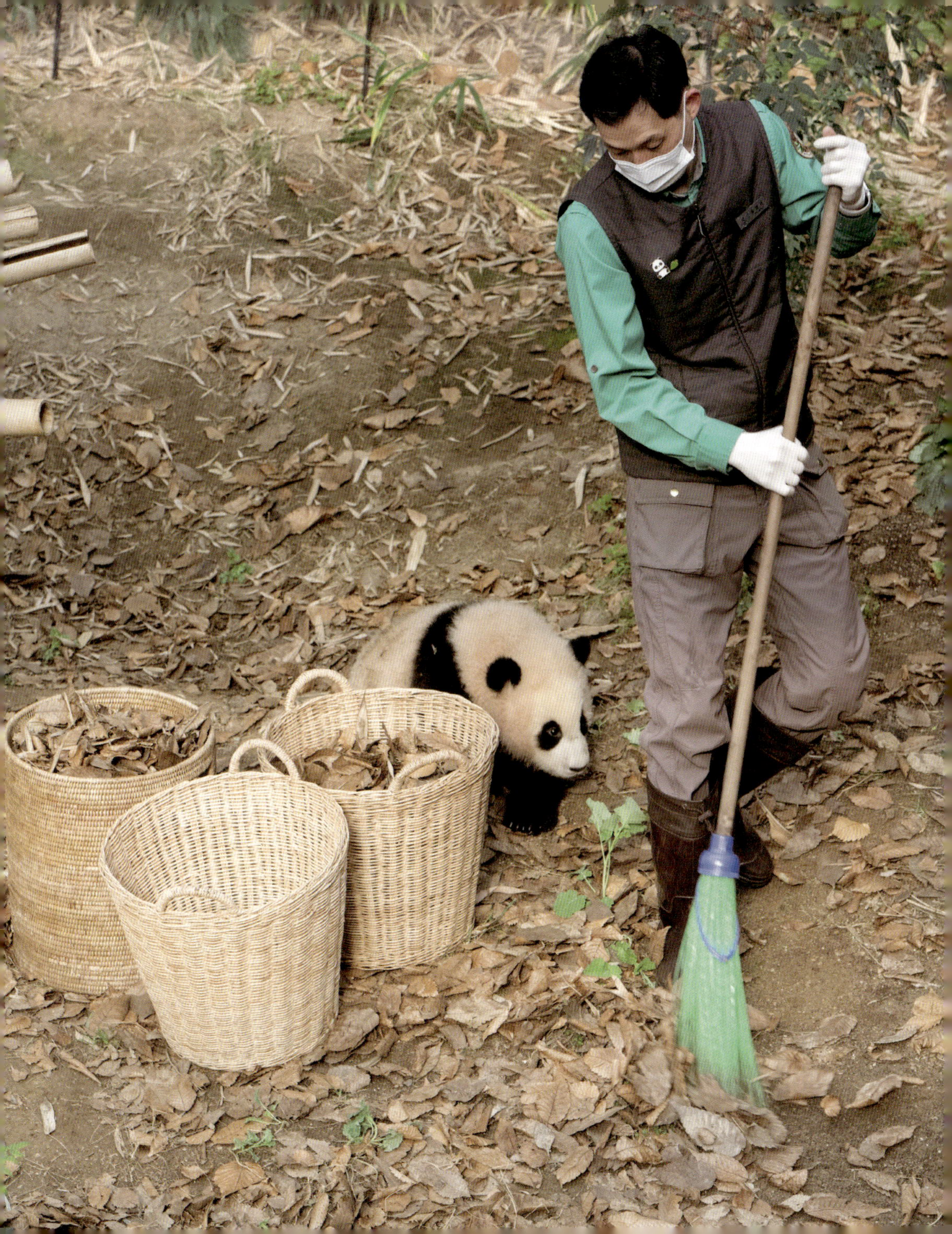

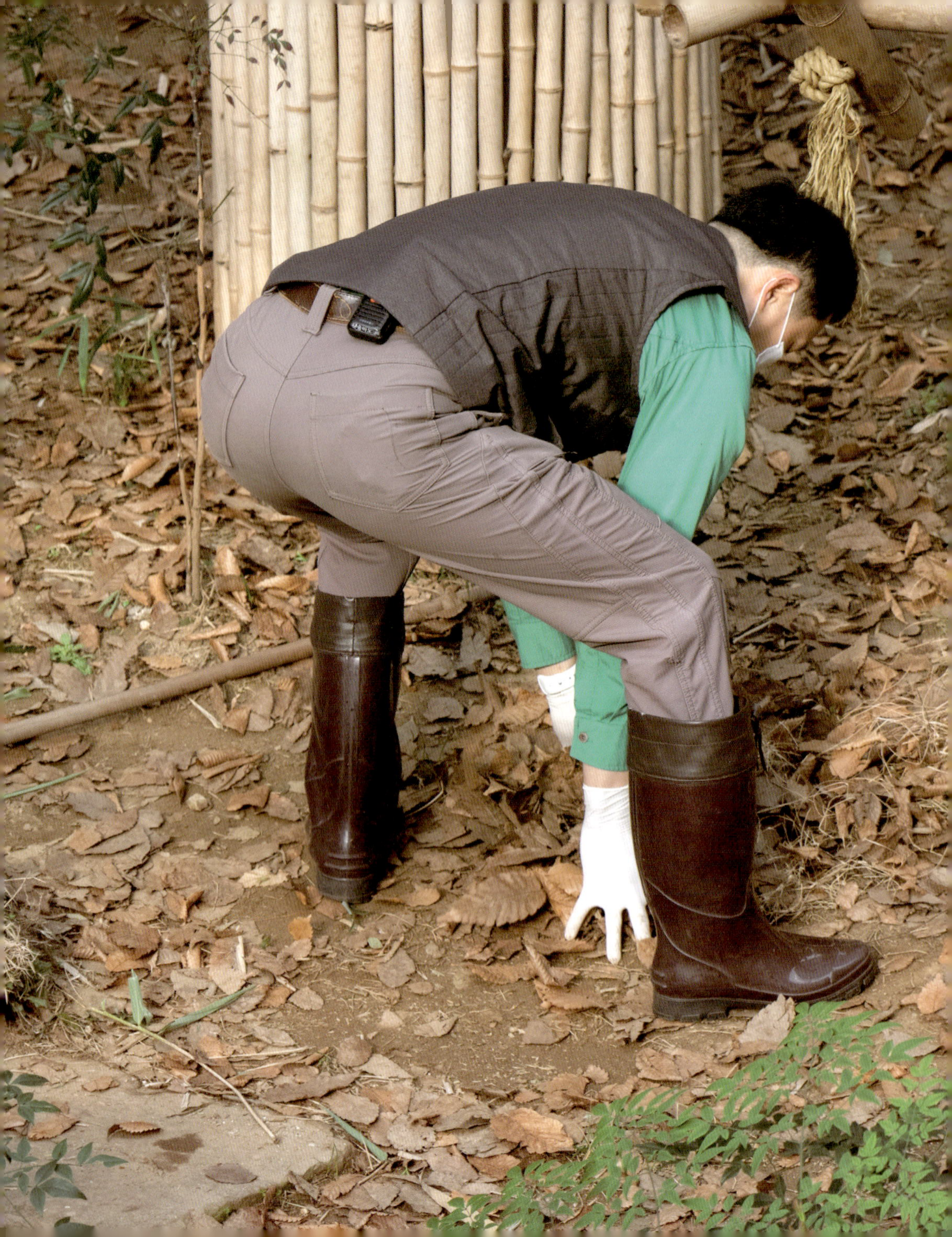

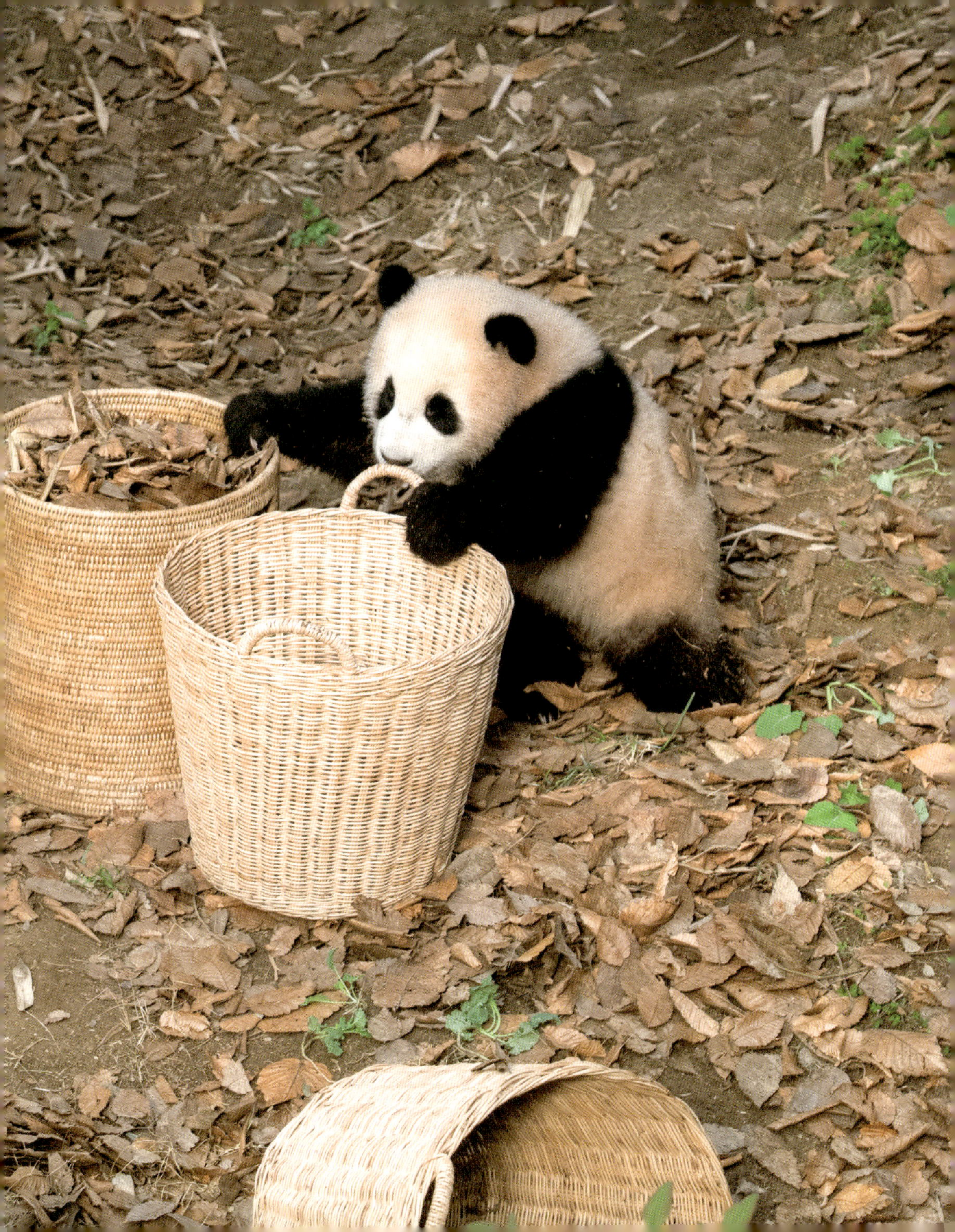

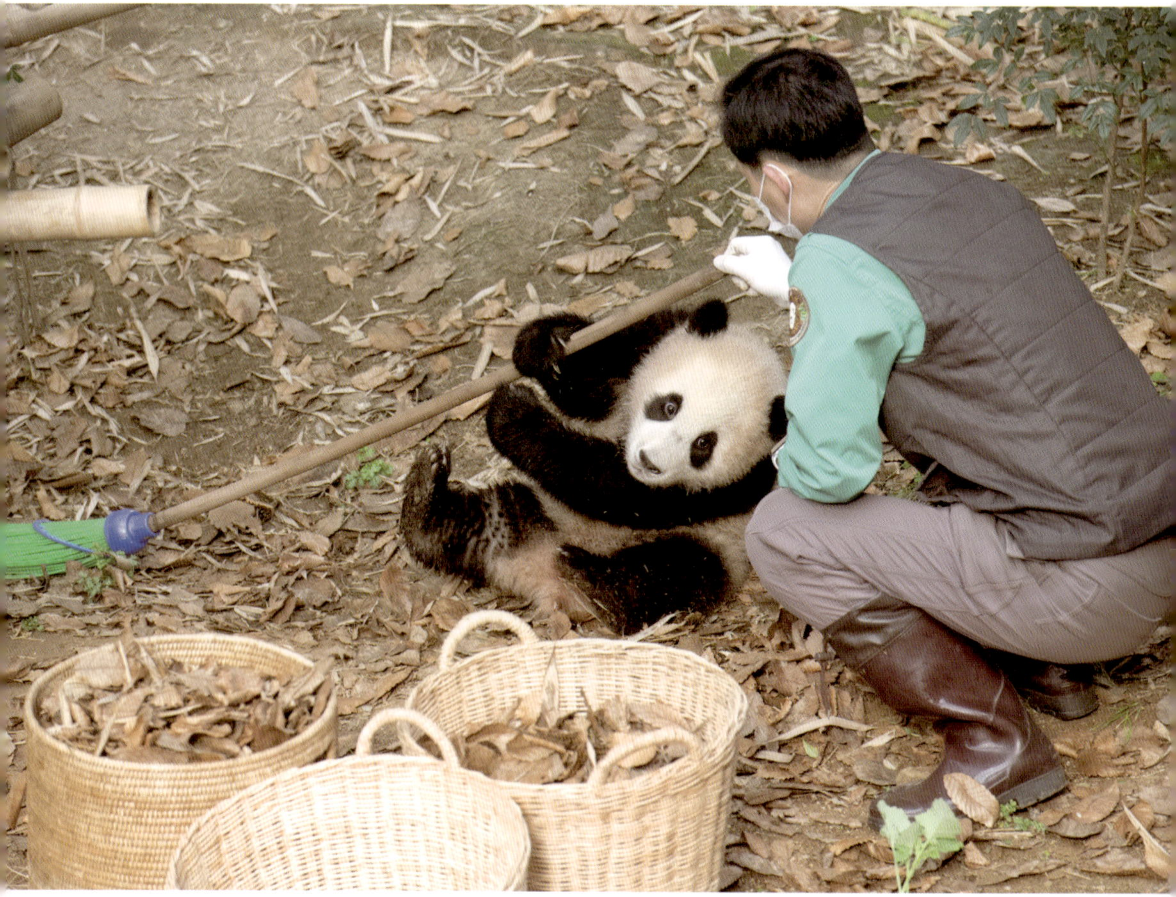

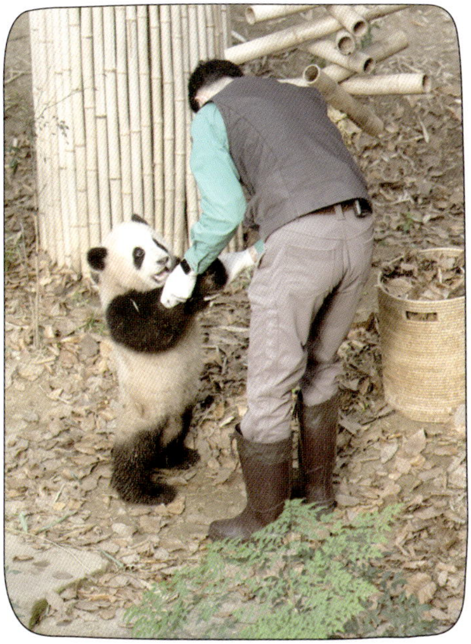
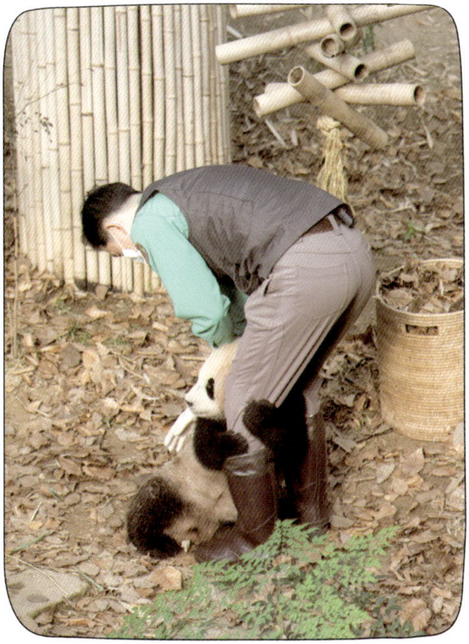
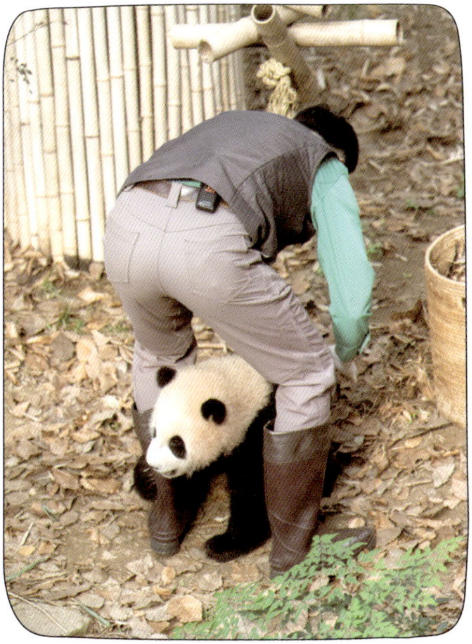

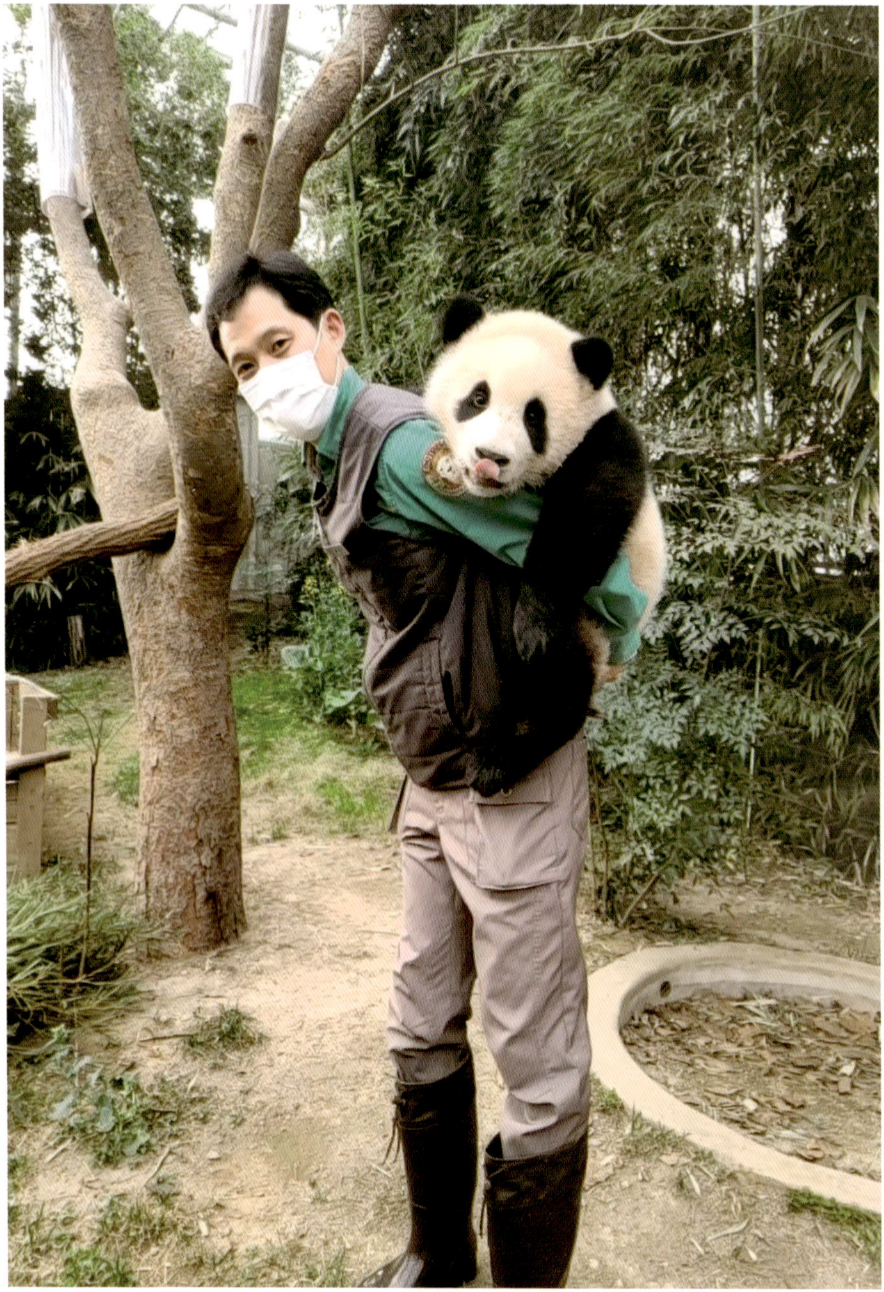

背著宋寶

今天也為幸福充電！

小巧可愛
抱起你來
雪白雲朵
軟軟綿綿
蓬蓬鬆鬆
大棉花糖
搖啊搖啊
軟軟胖胖
柔軟細嫩
寶寶香氣
呀呀呀呀
輕輕咬咬
圓圓滾滾
拍拍屁股
今天我也
幸福充電

> Notes

帶來幸福的寶物，
福寶

「嗚哇，嗚哇，咿呀，咿呀～！」等候多日的保育員與獸醫們立刻從座位上彈了起來，所有的視線都集中在愛寶所在的分娩室。那是一隻小貓熊，大家期盼已久的小貓熊就這樣瞬間來到了我們身邊。聽見的第一個叫聲如此洪亮，讓人全身都起了雞皮疙瘩。那小小的身軀像是跳出水的魚般充滿活力，同時卻又像必須回到水中才能安定下來的魚一樣，看起來有些不安。對她來說，初次見到的這個世界肯定既陌生又令人不安，幸好任誰看來她都是健康的。

對愛寶來說，這是她身為母親第一個經歷的瞬間，肯定會感到驚慌。第一次得知彼此存在的母女，是否能互相接納仍是未知，分娩室裡瀰漫著緊張的氣氛。就在那一刻，愛寶舔了舔在地板上奮力掙扎、向世界宣告自己存在的小貓熊，她像下定決心般顫抖著張開嘴巴，小心翼翼含住寶寶，移到角落坐了下來，將這個新生命擁入懷中。回到媽媽懷裡的小貓熊，終於恢復了平靜。直到看見這對初次相見的母女再次合而為一，保育員們才終於鬆了一口氣。就這樣，韓國第一隻小貓熊以洪亮又充滿生命力的叫聲，向全世界宣告了自己的誕生。

看到歷經艱辛後的媽媽與寶寶，那奇蹟般的模樣讓長久等待這一刻的我激動得快要落淚，滿心感謝又幸福。對保育員而言，能近距離見證自己照顧的野生動物生產，是最幸福的事。不過，就像我們的人生一樣，他們的生命中也不可能只有幸福，當然也有悲傷。不，那是無法假裝沒看見，且遲早會來臨的悲傷，只能懷著緊張的心情生活下去，而明白這一點的保育員們，總是努力在動物們身邊保持堅定的心。

我記得在遇見福寶之前，曾經歷一場令人心碎的離別。歷經長久等待後終於誕生的猿寶寶身體狀況不佳，看著猿寶寶的健康持續惡化，我無法只是袖手旁觀，決定代替媽媽照顧他。脫離媽媽懷抱的小寶寶，很快就對餵他奶的保育員產生了依賴與信任。他會在我懷裡入睡，也會每隔幾小時醒來吵著要喝奶。看著這樣的他，我真的有種成為了媽媽的感覺。對猿寶寶而言，他眼中的保育員就是他的全部、是他的媽媽。我與他對視時曾向他承諾：「別擔心，我會守護你。」但我們之間情感加深的速度與他的健康一樣，狀況快速惡化。最後，我只能在黑暗的房間裡緊緊抱著走向

生命盡頭的他放聲痛哭，一邊說著「對不起，沒能守護你，是我不好。」就這樣，他在我懷裡慢慢停止了呼吸。那份失落，長久折磨著身為保育員的我。

很多人說，因為遇見福寶，他們變幸福了。在人生最悲傷、最困難的時刻遇見福寶，得以克服低潮、撫平傷痕，不再被壓垮，重新獲得繼續活下去的力量。我感同深受，因為我也一樣，與猿寶寶離別後，一度迷失了方向，而福寶帶來了一份禮物，讓我重新鼓起每一天都為野生動物們全力以赴的勇氣，也讓我相信自己還能再次感到幸福。

保育員與野生動物之間就是這樣彼此連結、互相安慰與共存的吧，是啊，人生不可能只有幸福。或許，悲傷正是我們朝著幸福前進時，無法躲開的存在。但我們依舊要在悲傷中尋找並努力守護幸福，也將下一次的悲傷視為另一種幸福來面對，繼續走下去。感謝福寶讓我明白，不要氣餒，必須繼續往前走，幸福可以治癒傷痕與悲傷。我認為能夠遇見這份撫慰悲傷的幸福，是奇蹟般的事。在我們痛苦又疲憊的時候，與福寶相遇，是一場奇蹟。

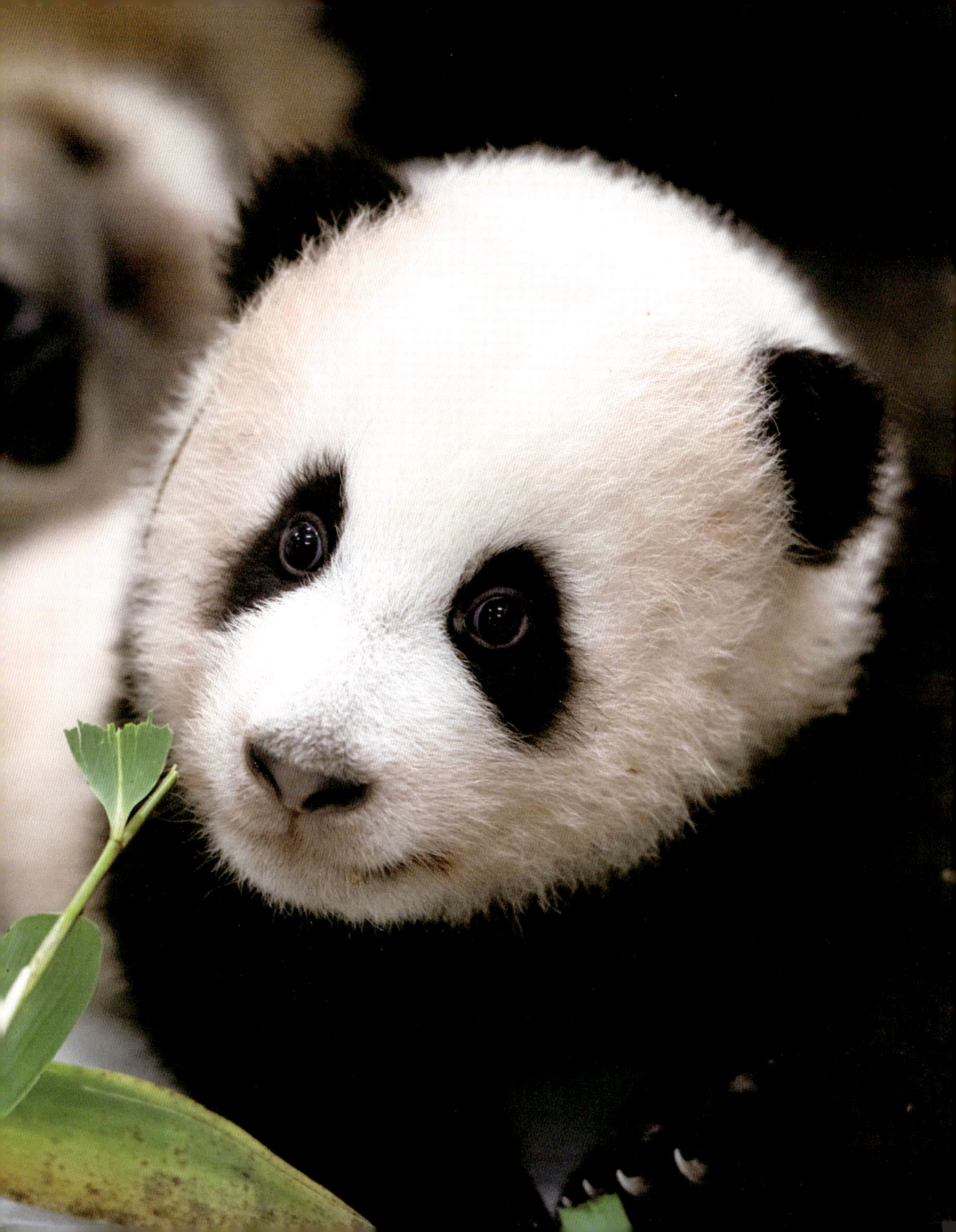

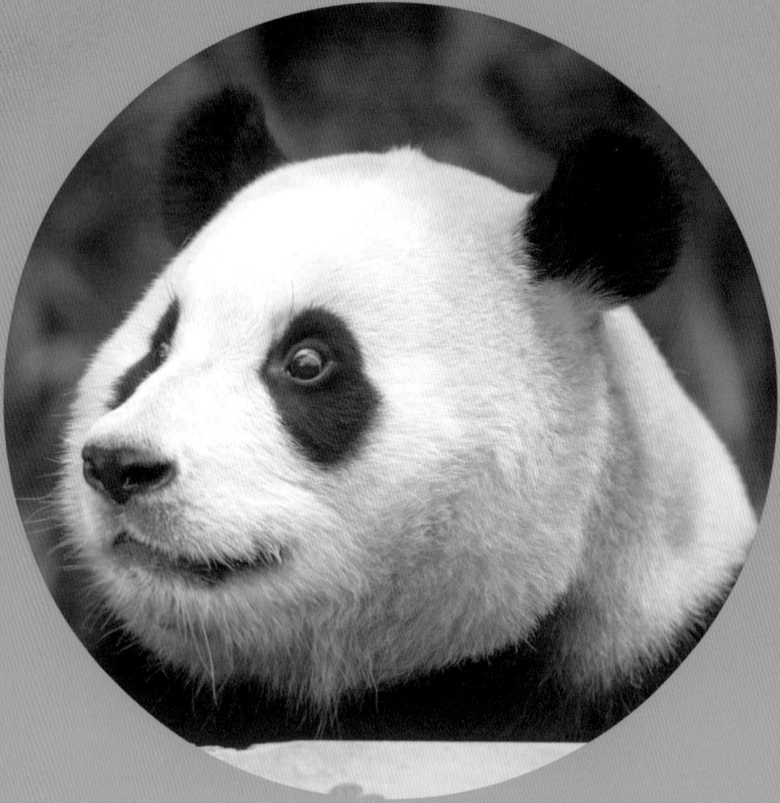

輯二

現在,為幸福充電中

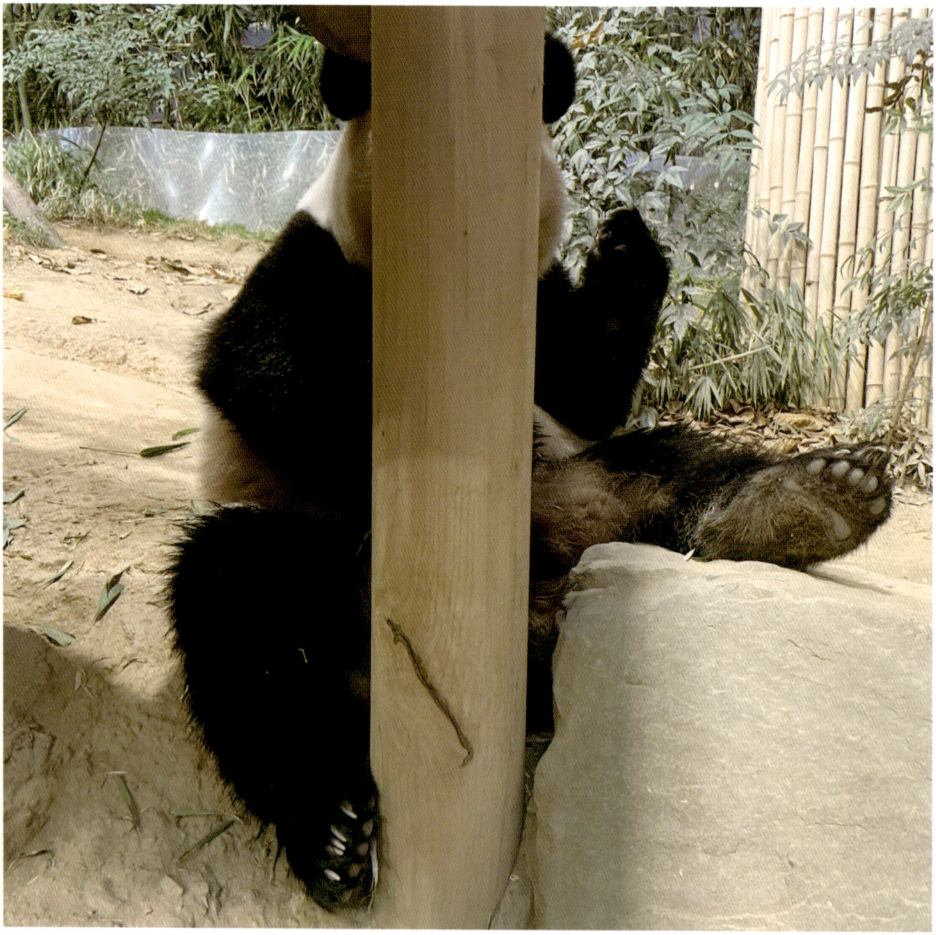

捉迷藏

> 找不到你，小黃鸝

嘻嘻，我正在跟宋寶玩捉迷藏，他絕對找不到我！噓，我藏在這裡是祕密哦！我可是有計畫的。等我聽到宋寶說「找不到你，小黃鸝，踮腳出來」的時候，我就會跑出去嚇他一跳。雖然不知道我能不能一腳跳出去，但我很會翻滾！嘻嘻，一想到他嚇一跳的表情，就覺得太爽快了。如果宋寶當鬼看起來太辛苦的話，我會找個適當的時機，偷偷探出頭來提示他一下。你問我為什麼？嗯……因為我得回家嘛，總不能永遠躲在這裡啊，嘻嘻。

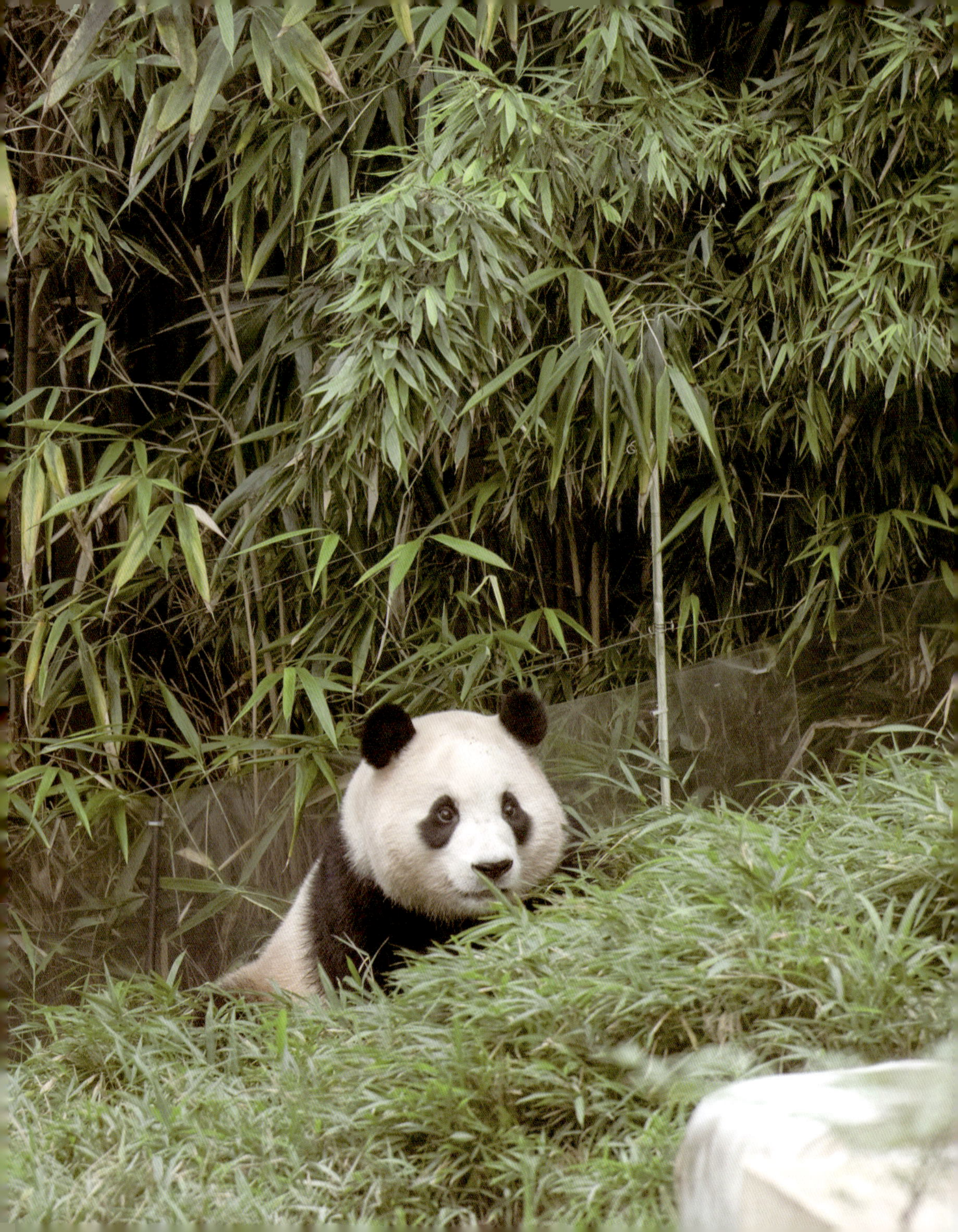

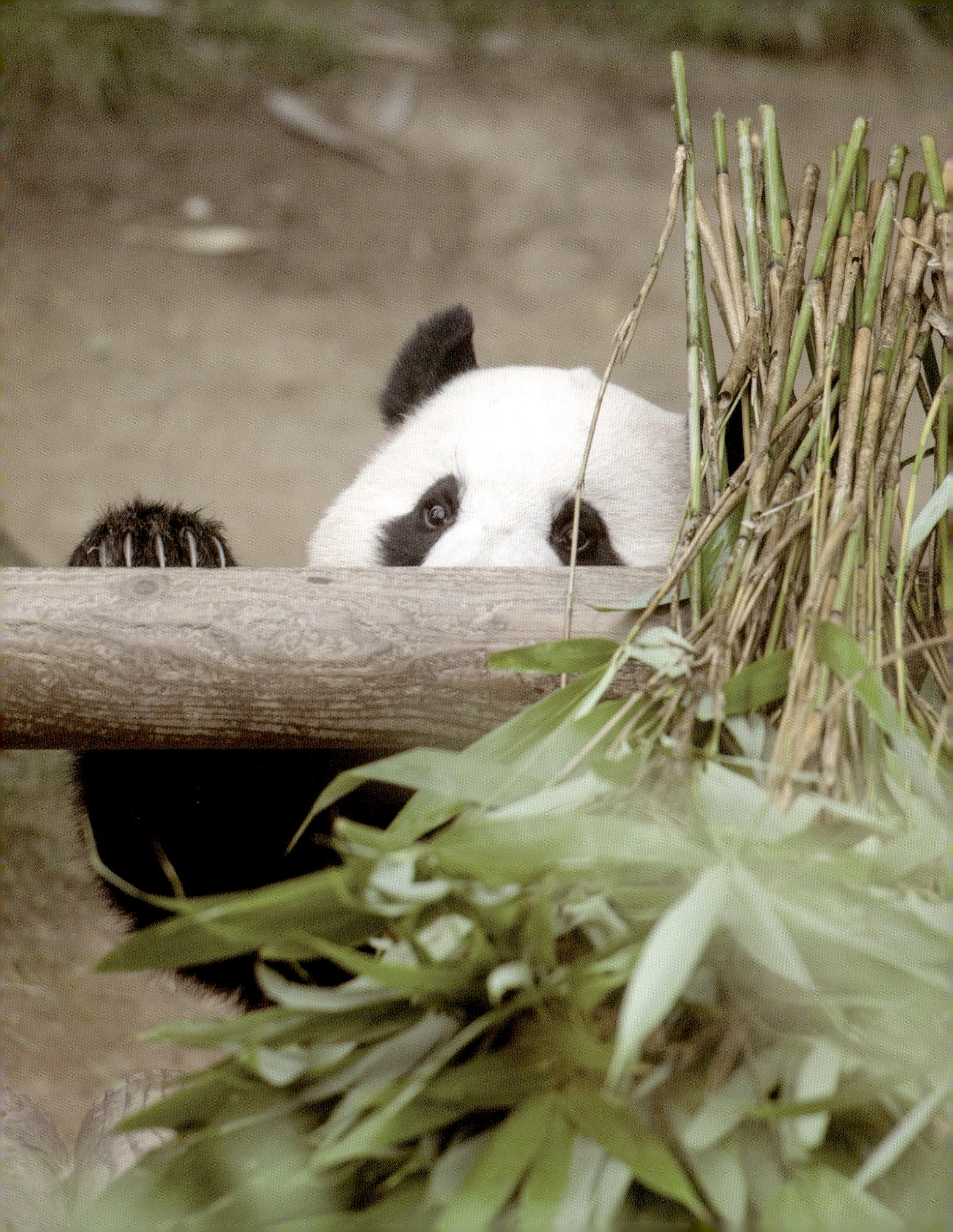

小貓熊與氣球

邀請你進入夢幻國度

我躺在宋寶幫我準備的吊床上睡午覺，我夢見自己像一顆巨大的氣球，輕輕飄浮在空中旅行。從遙遠的天空靜靜俯瞰世界，就能找到在地面上看不見的夢想與希望。當我感受到人們看著我的眼神中充滿愛、喜悅與幸福時，心情就會很愉快。

嗯……這邊看得到夢想，

這邊看得見希望，
把這裡取名為夢幻國度怎麼樣？

啊，當然睡醒後吃竹子也很幸福，
那種感覺就像夢想和希望都在我手中一樣吧？

為幸福充電

睡眠品質非常重要

請稍等我一下，我正在為幸福充電中。雖然需要一點時間，但我會盡快充電完畢。我得緊緊閉上眼睛，這樣內心才會安穩，眼周也會變得暖暖的。眼周的血液循環變好，可以幫助恢復精神。接下來就能好好進入夢鄉，睡覺的時候，可以快速補充被耗盡的幸福能量。你知道嗎？聽説熟睡時會分泌荷爾蒙，身高也會咻咻地長高，雖然我最近有點擔心自己老是橫著長，不過想到充飽電後，可以將寶物般的幸福分享給大家，就能帶著好心情入睡了。大概還需要一個半小時才能充好電，請再稍等一下，等我醒來，會將寶物全都送給大家，來，一個一個排好隊等我哦！

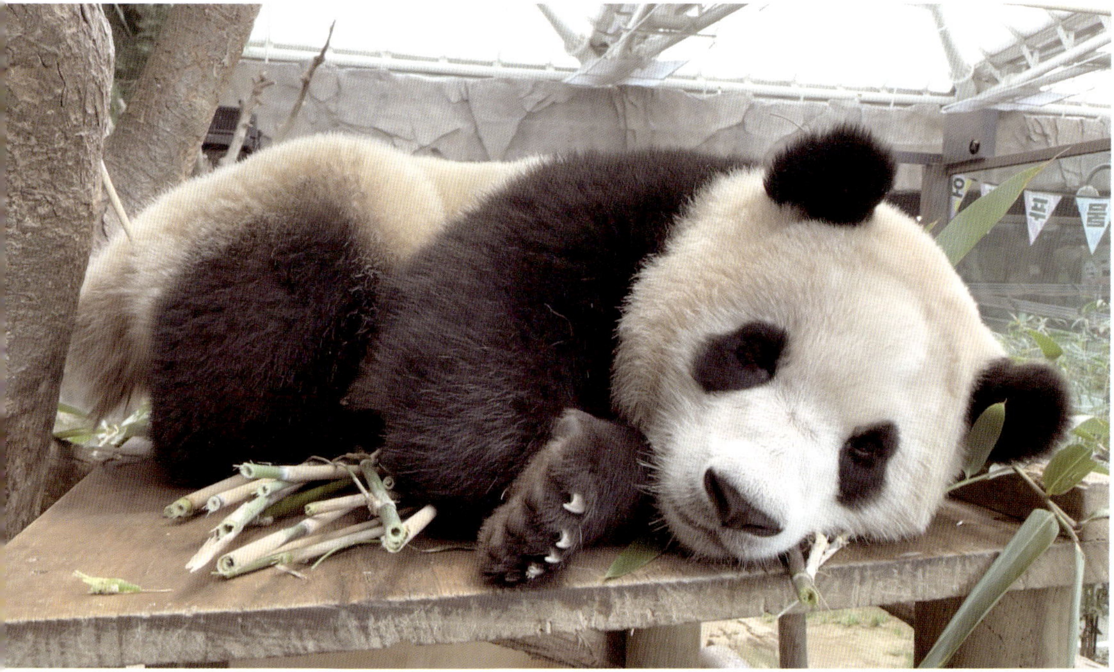

爬樹

與昨天的我、明天的我相見

這是我一歲時喜歡爬的樹。粗細剛好,前腳抱得住;角度傾斜,我柔軟的身體可以舒服依靠,還有個Y形分枝,撐住我圓滾滾屁股!簡直完美無缺,是我最棒的休息地點。

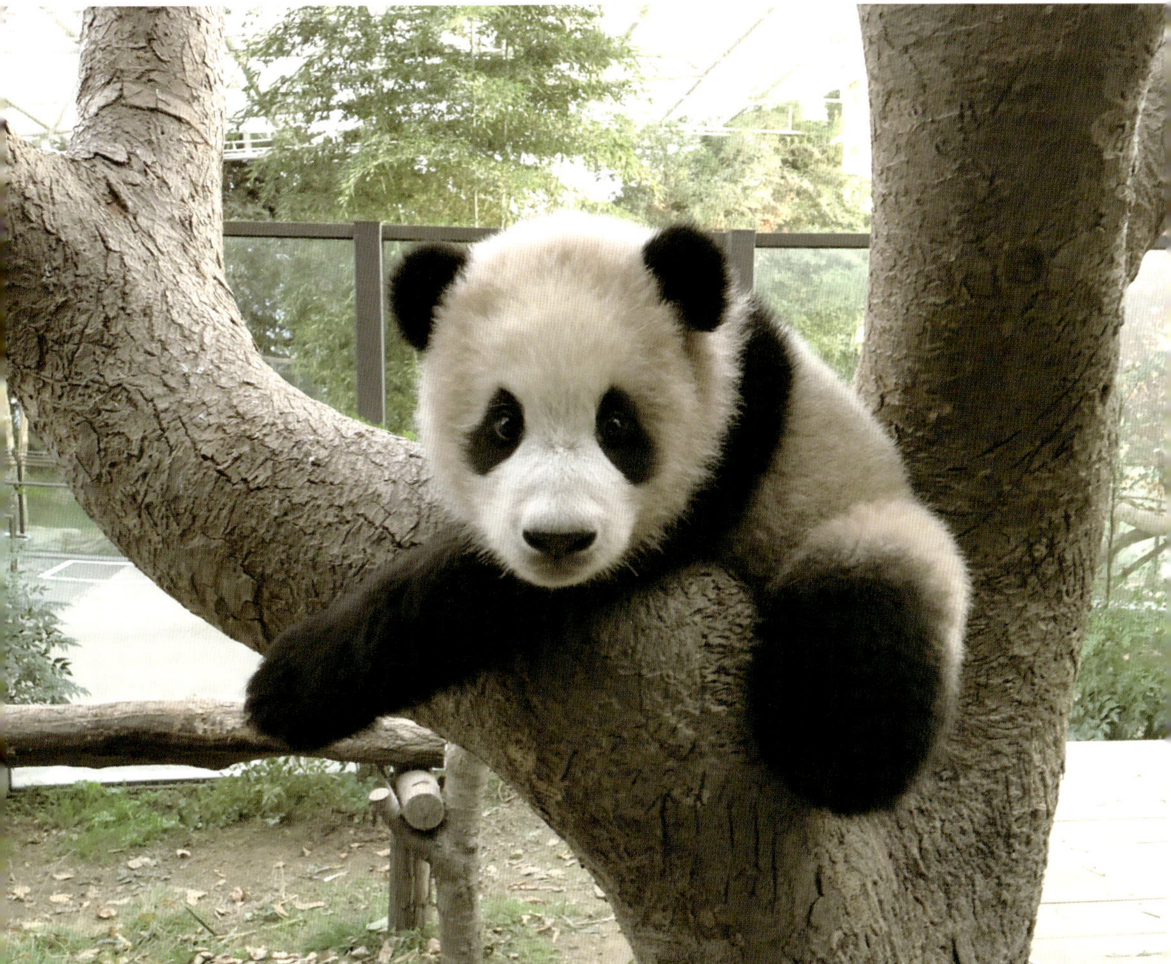

我偶爾會回到這個充滿回憶的地方，與昨天的我、明天的我相見，

可以說，這裡是福寶與福寶相遇的地方。

現在的我，不是在爬樹，而是一步步走進回憶裡。

我似乎也跟著回憶的厚度,悄悄長大了呢!

從樹上下來的方法

> 這已經是最好的方法了！

別笑，我是認真的，這已經是最好的方法了。有一天，我在樹上睡醒後，發現溜滑梯的位置竟然變了，感到非常驚慌。我想像平常一樣下去，結果腳根本踩不到地，本來想直接往下跳，但其實我不會跳躍。雖然有點丟臉，我也考慮過乾脆「咚」一聲掉下去好了，但現場有那麼多雙眼睛在看，感覺會傷了自尊。所以我想了又想，才想到這個方法。這個姿勢是我的極限，我真的想不到別的方法了。每次靠近那裡，身體都比大腦快一步動起來，不過我每天都成功了，一天三次，也算是一種運動吧，是不是很正向？你們也要養成運動的習慣，習慣很重要。雖然有時候感覺手快要脫臼，腹肌也酸得要命，但一下子就過去了，撐得住的。別笑，這真的是最好的方法了。

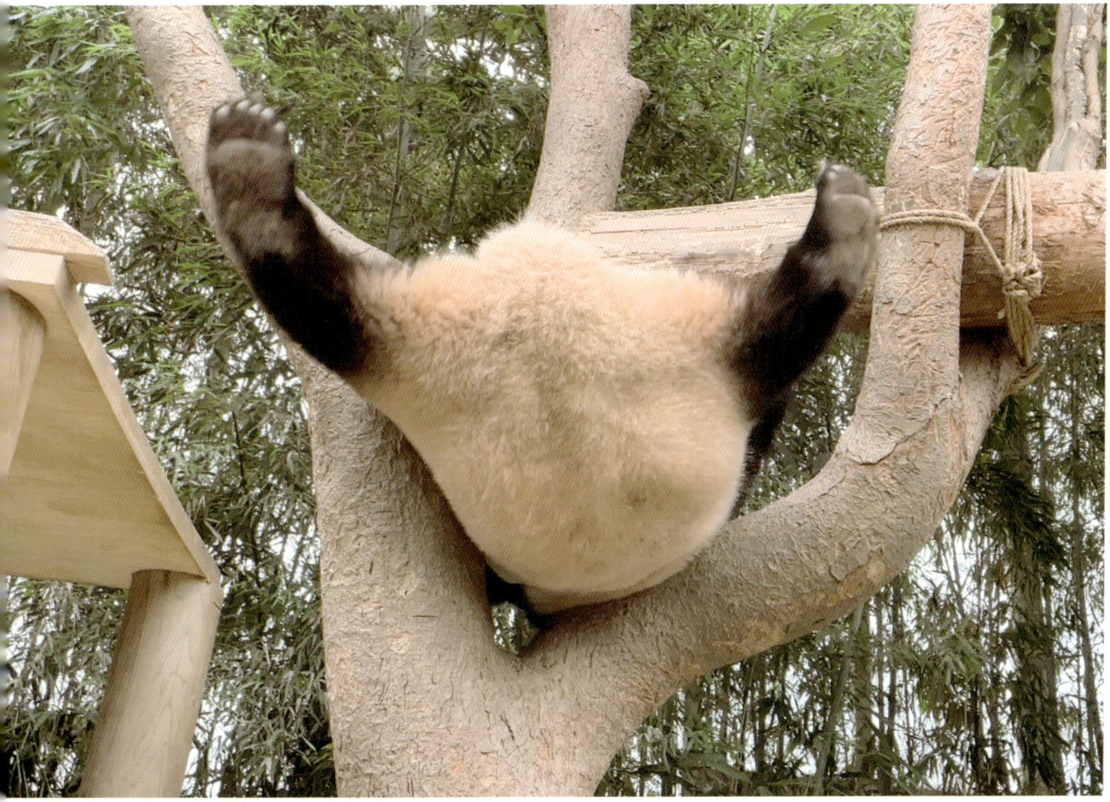

Shall we dance？

> 我在天空中飛翔！

你們快看！我在天空中飛翔！
真的好神奇，只要宋寶握住我的雙手，魔法就會展開。

他像一位溫柔紳士，總會牽起我的雙手，帶著還不太會飛的我。

這一瞬間，我們就像在遼闊的天空舞臺上跳著屬於我們的華爾滋，
只要依照他的指引，我就能輕鬆跟上，
因為宋寶能把我圓滾滾的身體變得像羽毛般輕盈。

從天空往下看的世界充滿新鮮，
想把這幅新鮮又令人心動的風景盡收眼底，就得像鏡頭一樣，將眼睛的光圈開到最大才行。

秋日空氣比平常更清新，一下子湧進鼻子裡，讓我差點喘不過氣來。

搖搖晃晃，飛來飛去

搖搖晃晃，飛來飛去

今天我也期待和宋寶一起飛來飛去的時光。

致秋天

你的雙眼裡有幸福。

你是秋日陽光，
我因你而幸福。

你是今日高掛的秋日陽光，
我用寬廣的心去愛每一天。

你是輕敲鼻尖，濕潤又清涼的秋日陽光，
我打開門，因撲向懷抱的你而感到喜悅。

你是如此的秋日陽光，
我因你感到如此幸福。

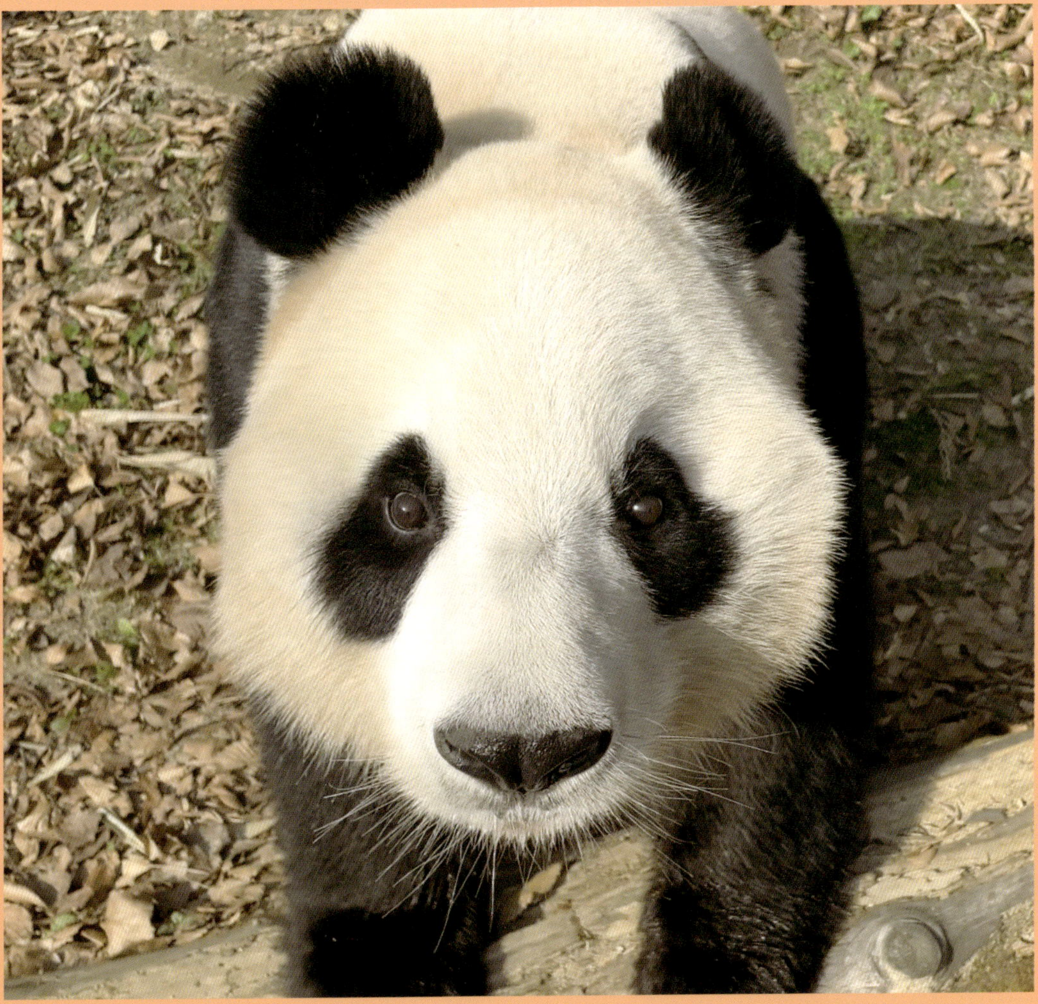

搭遊樂設施的方法

快來，你是第一次來愛寶樂園吧？

歡迎來到這裡，妹妹，這裡是充滿夢想與冒險的夢幻國度，你是第一次來吧？啊姆啊姆。你也是第一次搭這個遊樂設施嗎？這是名為T EXPRESS的雲霄飛車。別害怕，相信我就對了。因為爸爸媽媽是這裡的員工，我幾乎每天都會來，而且告訴你一個祕密，其實我有優先搭乘權，可以最先上車！嘿嘿。如果你還是會怕的話，就抓緊我厚實的腰身！知道了嗎？啊姆啊姆。你問我在吃什麼？是叫「窩窩頭」的麵包和紅蘿蔔，在這裡很有名。雖然吉拿棒也很熱門，但我更喜歡這個，每次來都只選它。等等下來也買給你吃，啊姆啊姆。

不過你到底是去哪裡玩,怎麼全身弄得髒兮兮的?記得要好好洗澡啊。自古以來貓熊的特色就是那一身黑白分明的毛色,你這樣髒兮兮的話,會被人家說閒話,還會被認成離家出走的小孩呢,嘖嘖。(噹啷噹啷噹啷噹啷)哦!現在要出發囉!抓好了嗎?等等到最高點,會「咻~!」地衝下來,記得要大聲尖叫,還要把雙手舉高哦!很刺激的!閉上眼睛的是膽小鬼,知道嗎?來囉~出發!

冬天的洗澡1

我的女兒，不是黑熊哦！

聽說充滿神祕氣息的貓熊世界迎來初雪了。於是我下定決心，趁這個機會收集初雪幫福寶洗澡。有著「世界上最美貓熊」這個稱號的我，怎麼能容忍我女兒因為髒兮兮的模樣，被誤認為黑熊呢！當然，在我眼裡她是世界上最可愛的貓熊。我把討厭洗澡的福寶放在雪地上，用辛苦收集起來的潔白初雪，擦拭她鍋巴色的毛髮，結果潔白的雪被染成了鍋巴色，鍋巴色的福寶則變回潔白的模樣。原本討厭洗澡的福寶，看著自己乾淨的毛也驚訝得叫了出來：

「媽媽，原來我不是黑熊啊！」

接著她居然說想幫我刷背？走到我身後，用她小小的雙手捧起白雪，奮力刷了起來。背上傳來雪的冰涼觸感，心裡感受到福寶溫暖的心意，覺得真好。我對貼心的福寶說：

「福寶，我的女兒最棒了！」

像雪一樣潔白又乾淨的我們母女倆，決定要牢牢記住這一天，而且約好每年的初雪，都要來一場幸福的冬日洗澡！

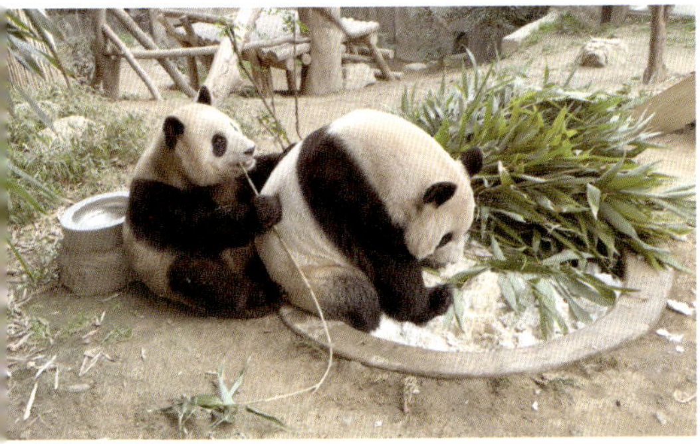
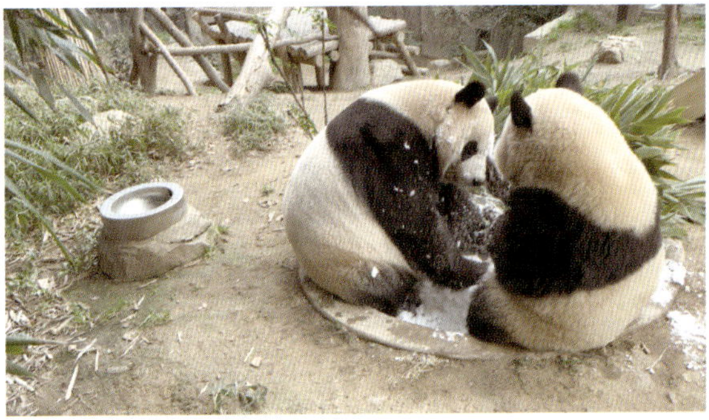
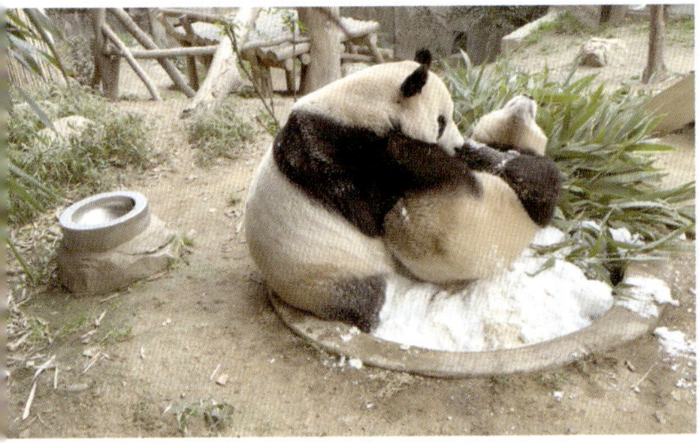
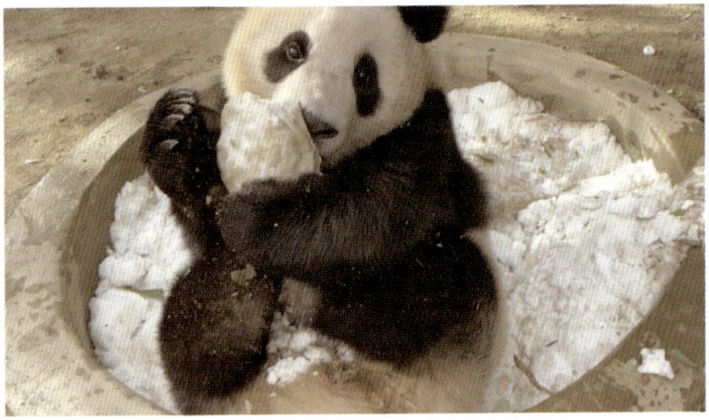
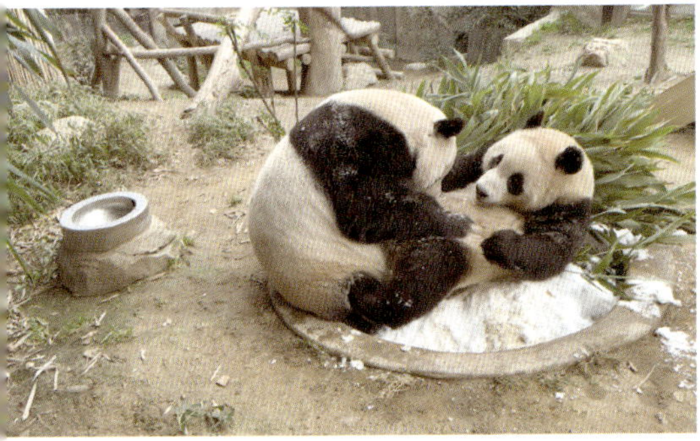
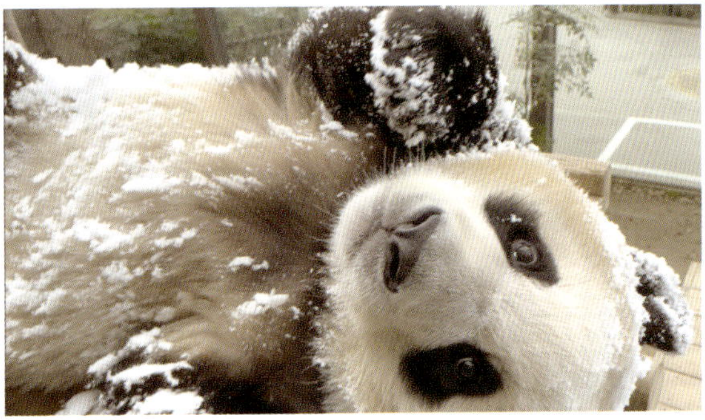
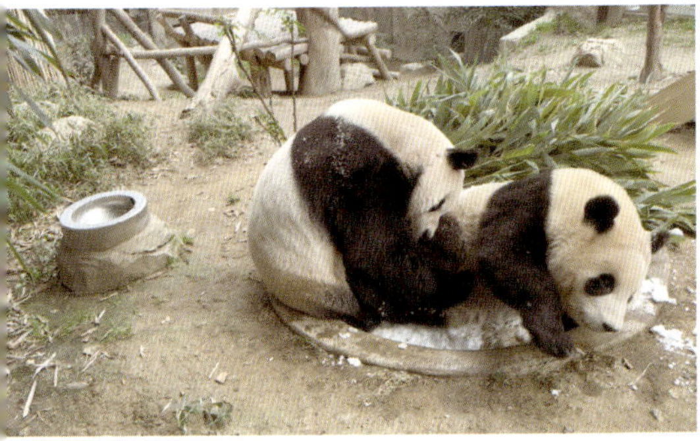

冬天的洗澡2

告訴你雪白毛色的祕密！

今天一大早聽到下初雪的消息，外面的世界應該已經布滿潔白的雪了吧？想到可以在雪地裡打滾，來一場快樂的冬日洗澡，我就滿心興奮。愛寶和福寶應該也聽到了這個消息，正在準備洗澡吧？哈哈！雖然我也覺得我女兒是全世界最可愛的貓熊，但我可不能接受她被誤認成黑熊，希望愛寶好好教她。等等我也要在雪原上展現一下身為爸爸的帥氣模樣，這樣她們就會發現我雪白毛色的祕密了。終於到了出門的時間，一打開門，哇！才一個早上世界就變了！今年的初雪似乎比以前下得更大，竟然積到我寬廣的胸膛了。不過沒關係，我這一身濃密的毛髮會保護我，不會陷進雪堆裡。好，現在我要像模特兒一樣，在潔白的初雪上踏出帥氣的步伐，漸漸加速奔跑！磨蹭、翻滾、爬上去、滑下來！哈哈，我雪白的毛髮看起來怎麼樣？呼、呼，開始喘了，鼻子和嘴巴吐出來的白煙一縷一縷冒出來，是世界上最帥的畫面吧？等等，你們有看到對面的愛寶嗎？比我還要潔白又可愛。啊！心臟突然一陣亂跳，臉都紅了起來。她依然讓我怦然心動！不管了，我要跑去找她！

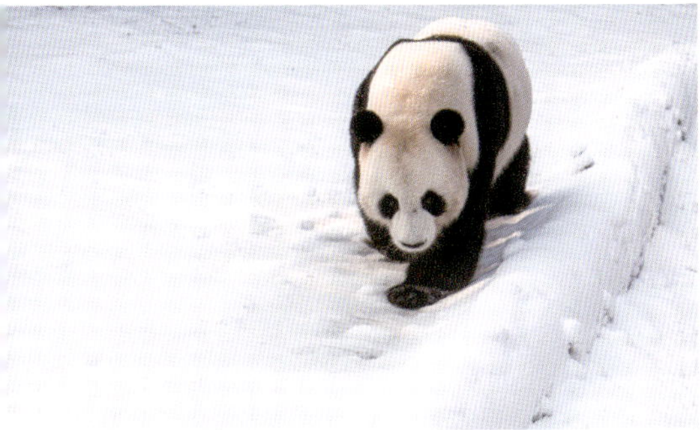

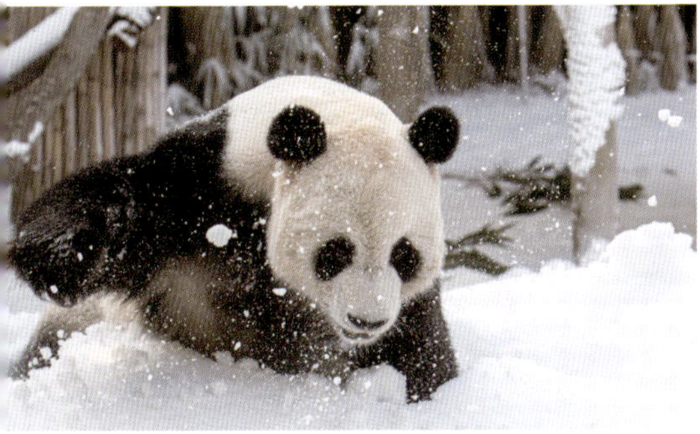

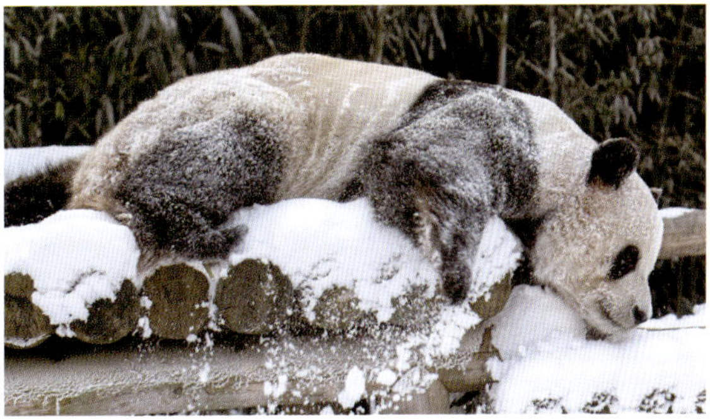

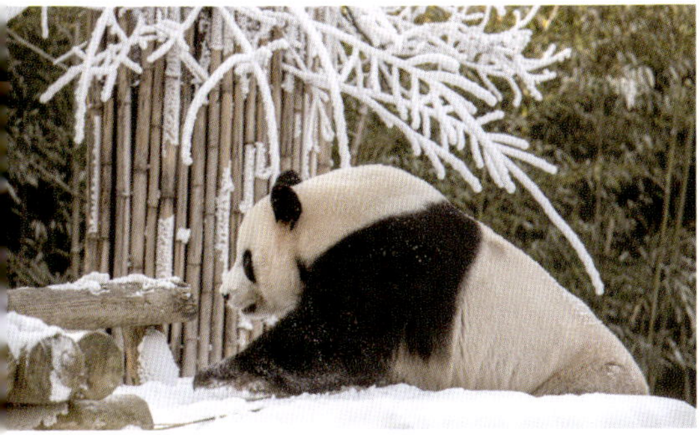

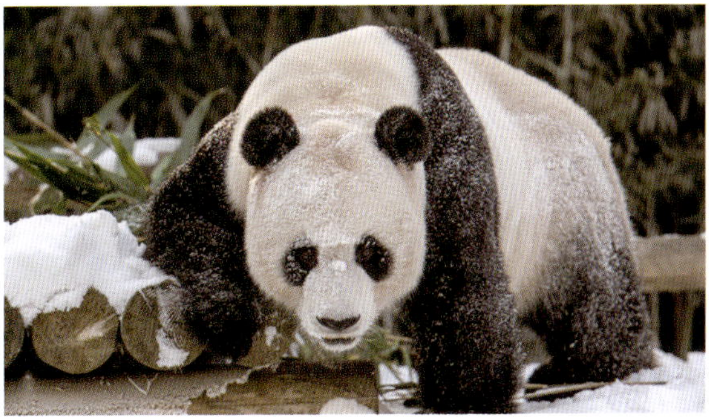

悄悄話？不，是親親

小爺爺，上當了吧？

小爺爺宋寶拿著「三宋手機」來找我玩了，但我早就看穿了他的心思，他只是假裝陪我玩，實際上是想趁我半夢半醒間抱起來帶回家。你看看他那頑皮的眼神，就知道他心裡正在盤算著什麼。我用力睜開眼睛，馬上打起精神，在他耳邊說悄悄話。

「你不是來玩拍照遊戲的吧？你是想把我帶回家吧？對吧？」

看他被我拆穿後慌張的表情，真可愛，嘻嘻，只好勉為其難地配合一下，假裝拗不過他跟著回去吧，不過現在還想多待一下，所以我要使出絕招，就是能融化他的親親洗禮！怎麼樣？你看看他被我親到的表情，今天應該可以晚一點回家了！嘻嘻。

雙層床 2

現在不再害怕夜晚了

今天是久違和媽媽一起睡在上舖的日子。我已經是必須自己睡覺的年紀了，雖然媽媽說可以一起睡，但她不會抱我。嘿嘿，不過我還是很開心，心情很好。媽媽叫我趕快把背轉過去睡覺，沒關係，只要這樣靠著媽媽的背睡覺，就能感受到她的氣味，夜晚不再可怕，心也變安定了。竟然從媽媽的背都能感受到愛，真神奇。有時擔心媽媽忘了我在她背後，翻身時不小心壓到，我就把前腳或後腳輕輕放在她背上，還不夠的話，每隔三十分鐘就用前腳輕輕戳幾下，或者把鼻子貼在媽媽的背上睡，這樣媽媽即使在睡夢中也能感覺到我。我很喜歡這個有媽媽陪伴的地方，我現在一點也不害怕黑夜了。

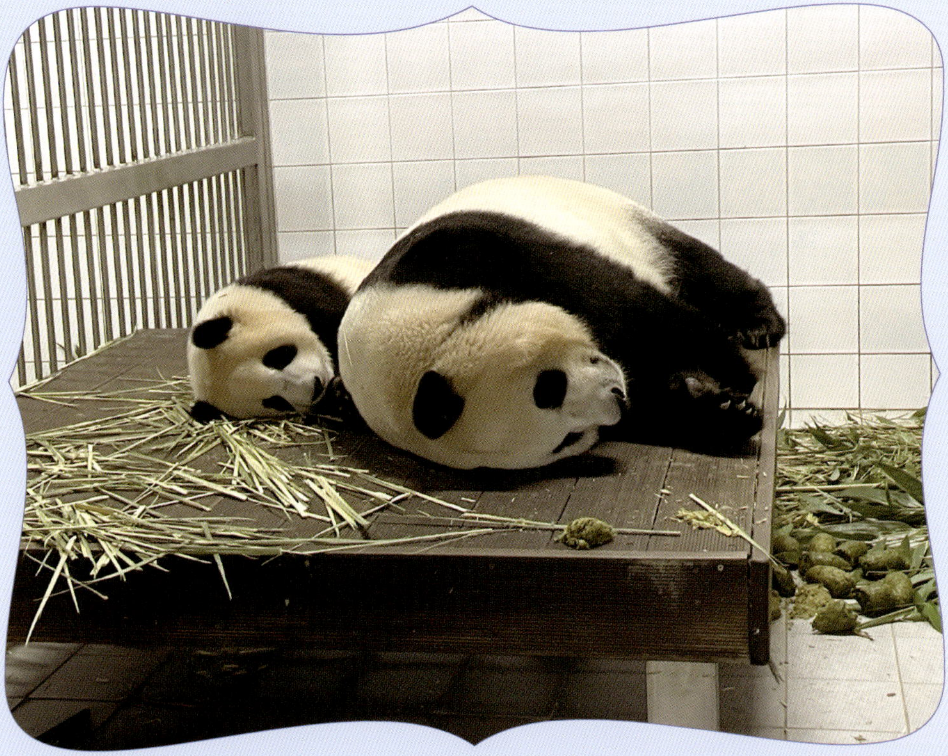

苦難充電站

為了幸福爬上櫸樹

當我想被安慰的時候，就會爬上「櫸樹充電站」。對我來說，那些訊號通常是打雷、閃電或陣雨。當我感到痛苦和悲傷時，也想要被安慰。我認為，要真正安慰別人，自己必須先深刻理解痛苦與悲傷，草率的安慰反而可能會讓對方受到更深的傷害。因此，我選擇走上艱難的道路，先把內心填滿各種苦難。這絕對不是容易的事，需要花一點時間才能充完電。我會閉上眼睛，慢慢呼吸，專注感受對方內心的傷痕與情緒。充完電後，我會平靜地回到地面，尋找那些需要安慰的人，用各種方式表達安慰，當然這一切都出自真心。他們會因為和我一起吃一頓飯、散步、對望、聊天而感動，也會從我的安慰中獲得療癒，重新找回幸福。別擔心，我的幸福也會在這個過程中自動充滿。於是，我們反覆安慰彼此、為幸福充電，然後互相分享，這就是所謂的家人。我的夢想是，走向比現在更大的世界，成為能夠撫慰更多人並帶來幸福的寶物。我知道，前方會有許多考驗等著我，但我早已做好準備，也有足夠的覺悟。雖然有人說現在這樣就已經很好了，但我不這麼認為，我還有很長的路要走。因為我總是把「你」放在「我」之前，把「我們」放在「你」之前，不覺得這樣的我很帥氣嗎？這就是幸福的命運，我是為此而誕生。所以，今天我也感恩自己心中充滿如此珍貴的愛與喜悅，繼續為了傳遞幸福，用苦難充電。這裡，是位在高聳櫸樹上的「苦難充電站」。

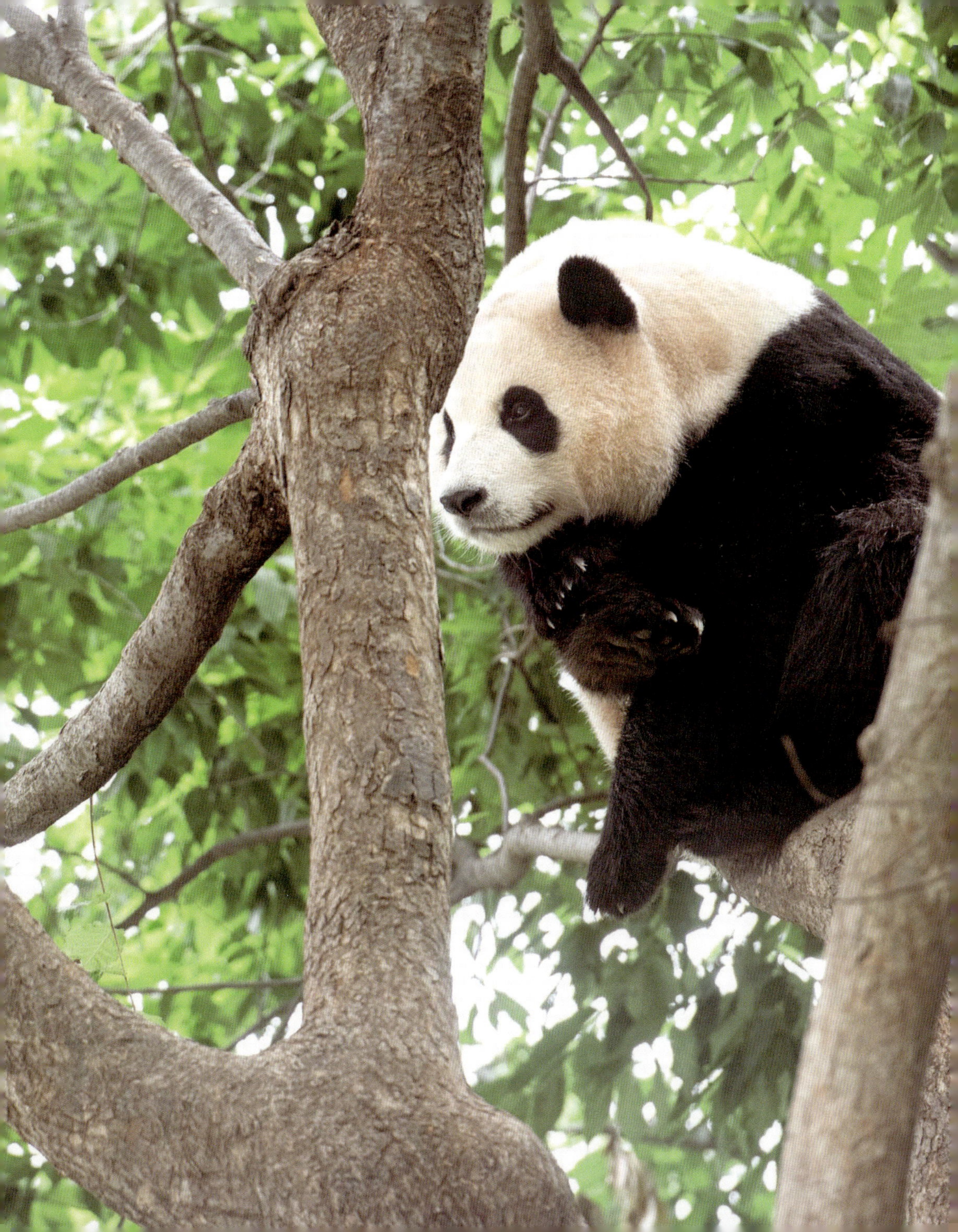

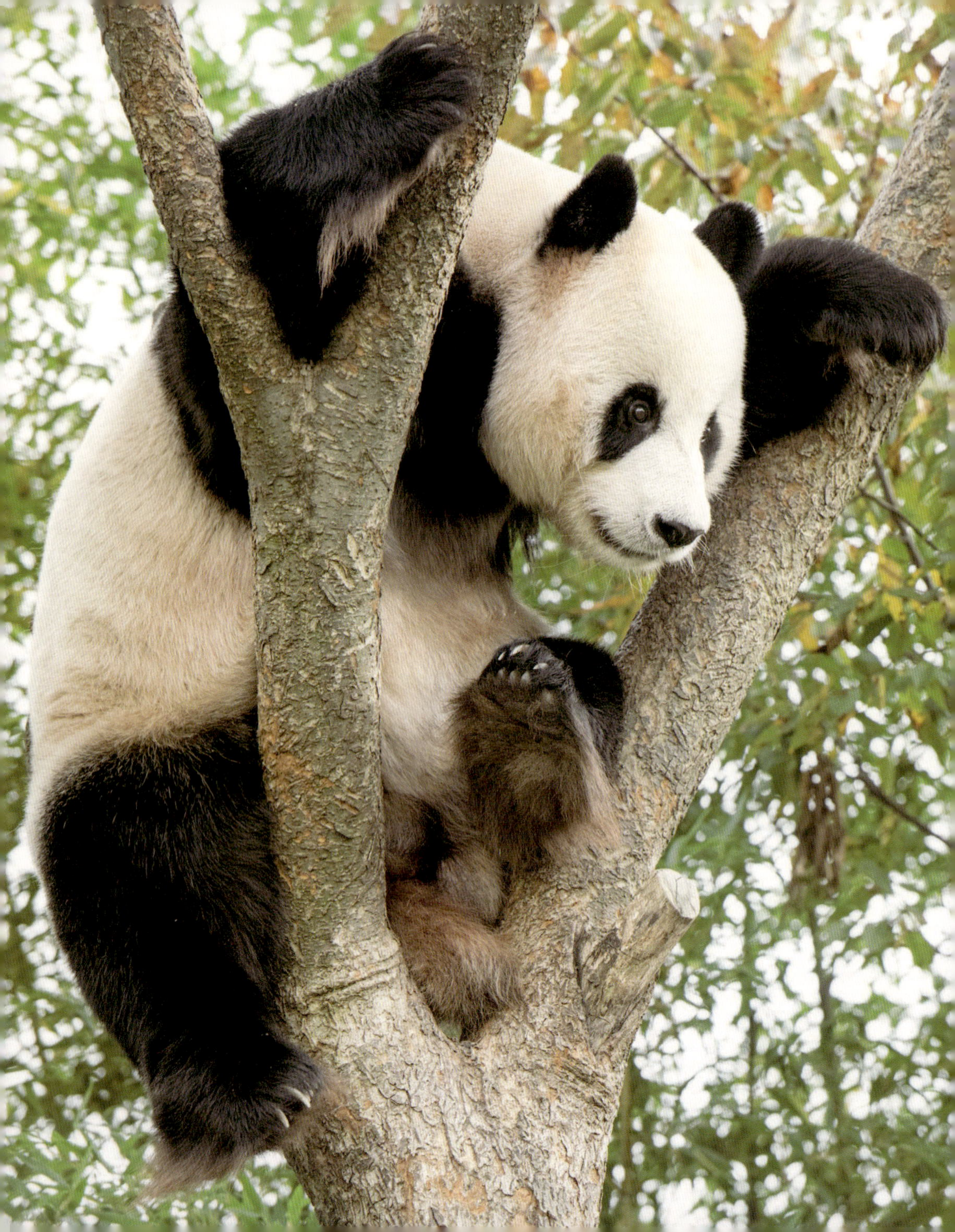

天空樹電影院

人生電影的主角是我

孤單的日子裡，我會自己去電影院。我們家附近有一座專屬於我的特別電影院，收藏了無數個故事。眼鏡、爆米花或飲料？不用準備這些東西，也不必預約，只要欣賞當天螢幕上映的電影就好了。上次看了一部歡樂的音樂劇電影，不自覺就站起來扭屁股。有時前面那些綠油油的樹葉觀眾或一團團的雲朵觀眾會擋住螢幕，唧唧喳喳咕咕啾啾的小鳥配角也會登場，不過也是別有韻味的演出。有時，看著介紹地球暖化的紀錄片，配上風這位氣象播報員擔任旁白，讓我陷入深深的思考。有時，看了像嘩啦嘩啦落下的雨般令人心痛的愛情故事，帶著悲傷入睡。有時，觀看雷聲轟隆、閃電劈啪作響，嚇得心臟都快跳出來的恐怖電影時，我會故作鎮定打嗝。有時，也會因為主角不輸卓別林的喜劇表演而捧腹大笑。有時，看著輕輕觸動心弦、充滿浪漫氣息的青春電影，再次感受到和愛寶之間的深情愛戀。有時，觀賞像五月陽光般、讓人心頭一暖的家庭電影時，就回想起早已遺忘的童年記憶。當我沉浸在這些畫面中，總覺得一切似曾相識，等我回過神來，才忽然意識到，原來，只屬於我的那片天空與樹木一直在跟我說話。在這座特別的電影院中，我所記得的那些人生電影的主角一直都是我，而天空與樹木始終伴我左右。電影仍在播放，主角依然是我！

吃笛子的女孩

嘎吱嘎吱

今天是要站上大舞臺的日子,我得把到目前為止鍛鍊的實力全都展現出來。雖然在眾多目光下還是有點緊張,但我會全力以赴。為了今天,宋寶還特地幫我做了一根笛子,漂亮吧?從與眾不同的香氣和口味中,我感受到竹子工匠的匠人精神,這是一根讓人忍不住想一直吃的笛子。宋寶看我一臉緊張,立刻對上了眼,幫我數起拍子。

「一、二、三、四~」

好,我要來吃囉。

嘎吱嘎吱

嘎吱嘎吱

熊生五格

一、二、三,紅蘿蔔!

媽!媽!你先暫停一下,等等再吃,快過來跟福寶一起拍張美美的照片,好嗎?快一點!來,我教你,先把臉轉到四十五度看鏡頭,然後嘴角上揚,這樣臉拍起來才會又圓又可愛。哎呀,媽!現在吃飯有那麼重要嗎?我們不是應該要拍照紀念這麼珍貴而且不會再重來的時光嗎?快放下竹子看鏡頭,好嗎?快一點,來拍下只屬於我們的「熊生五格」吧!

一、二、三!
紅蘿蔔!

熊生五格

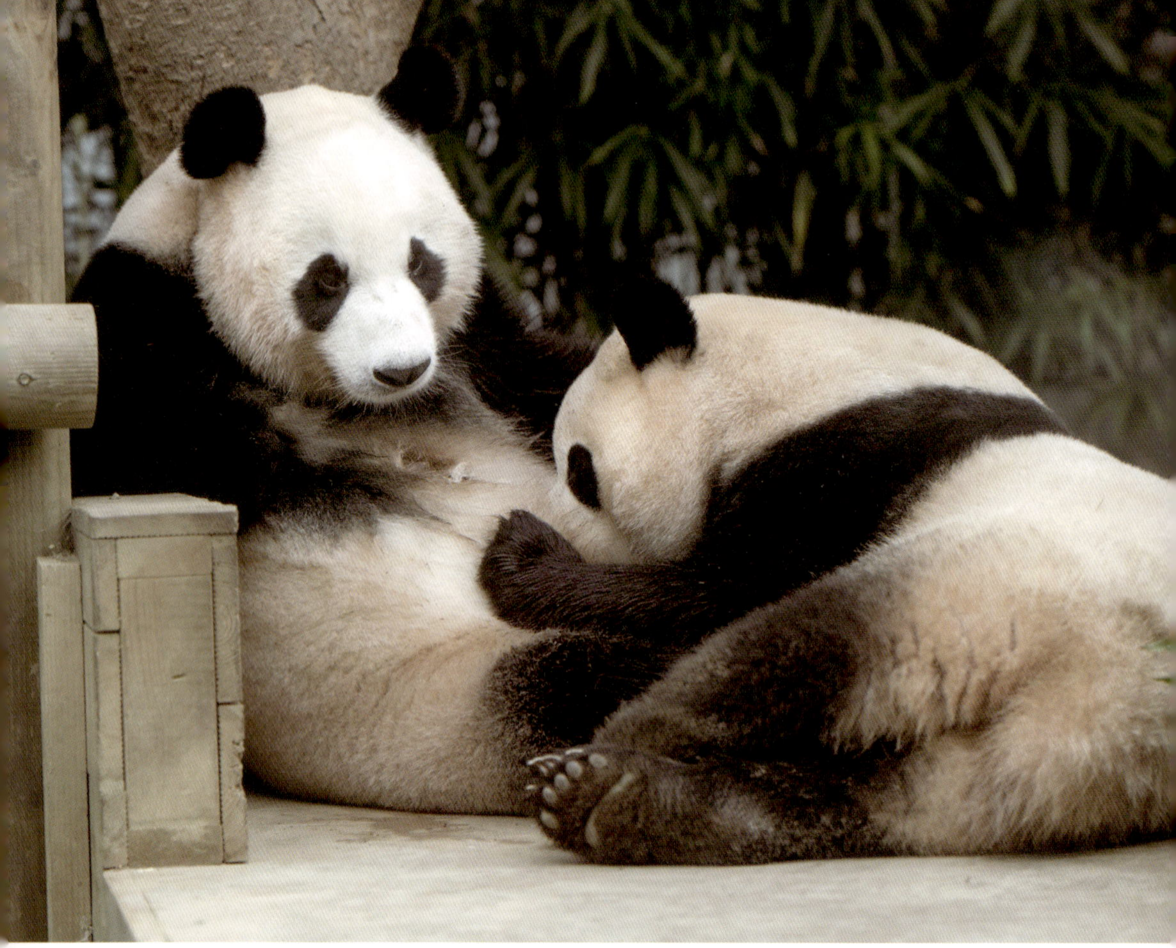

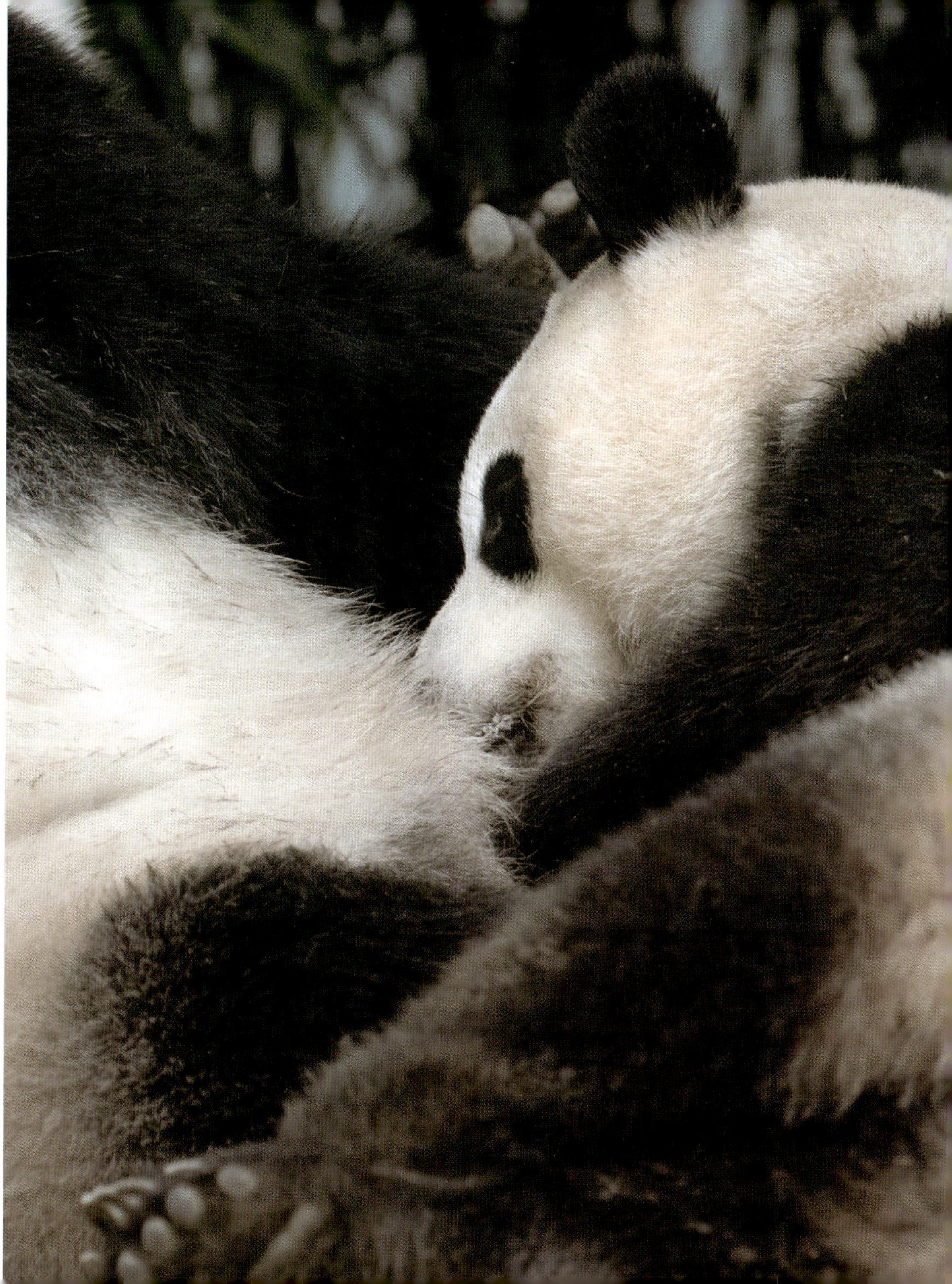

喚醒我的一束花

長這麼大的我,看起來怎麼樣?

宋寶有個很特別的習慣，每當我快要忘記他的時候，他就會送我一個可愛的小東西，間隔時間大約是一百天左右。今天，他用我最喜歡的紅蘿蔔做了五朵漂亮的花，還把竹子做成的花束放到我手中。原本就好吃的紅蘿蔔，現在連長相都這麼可愛，讓人忍不住口水直流！我自然地拿起花束，靠著樹坐下來，怎麼樣？是不是很像這座村裡的貓熊女王？嘻嘻，這是他送給我、讓我看起來更耀眼的禮物，非常非常感謝他。

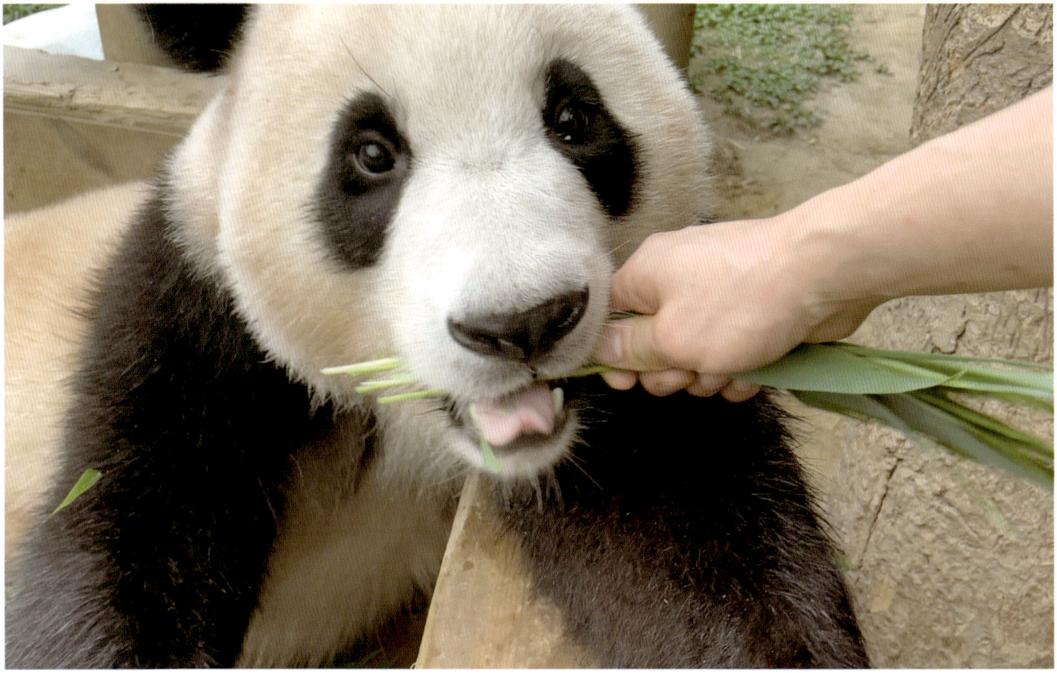

八月的竹葉是愛

一定要記得哦

八月的竹葉是愛。如果有人收集一片又一片八月竹子的嫩葉,然後放進你嘴裡,代表他非常愛你、永遠支持你。你的媽媽就是這樣鼓起勇氣,找到了世界上最大的幸福。

要記得哦,如果將來有一天,身為母貓熊的你,在生命中遇到非常困難的事,累到連動一根手指的力氣都沒有的時候。

一定要記得,這個世界上有一群愛你、支持你的家人們。

{ Notes }

帶來快樂的寶物與
可愛的寶物

等待與迎接從未見過的野生動物,總是讓人心跳加速。
2016年3月3日,一對大貓熊帶著滿滿的愛與喜悅,來到了我們身邊。當時愛寶與樂寶分別才三歲與四歲,還是未成年的孩子。首要的目標是讓他們能夠健康且安全地適應新環境、好好長大,並期待他們成為出色的貓熊媽媽與爸爸。從一開始,保育員們的目標就是幫助這對貓熊彼此相愛,孕育下一代,並在這裡穩穩扎根,建立起一個幸福的家庭。

樂寶是貓熊世界裡的小調皮,第一次見面的時候,他就用純真的眼神拉近與保育員的距離,馬上看出他隨性、活潑的個性。樂寶長大後變得穩重,且充滿男子氣概,是一隻擁有獨特魅力的浪漫貓熊。現在的樂寶變得怕生、不太容易親近,但當時的他就像現在的福寶一樣,是貓熊世界裡快樂的泉源,如同他的名字一樣,是帶來喜悅的寶物。託樂寶的福,看著他歡樂的模樣,讓我們能忘記痛苦與煩惱。

愛寶則對新環境與保育員感到陌生，但她雖然充滿戒心且小心翼翼，還是以溫柔而深思的眼神看著我們。愛寶看起來需要一些時間，所以我決定與她保持適當的距離，讓她慢慢認識我。等到她願意的時候，再向她展現我的模樣與敞開的心，讓她聽我的聲音、舔我的手掌與聞我的氣味，我對愛寶說，我想成為她永遠的朋友。如今的她成為了福寶、雙胞胎睿寶與輝寶的媽媽。看著身為母貓熊的愛寶，帶著智慧走出自己的路，讓我學會了奉獻、犧牲，以及對子女無限的愛。愛寶在養育孩子的過程中變得更加成熟，光是她的存在，就已經是我們可愛的寶物。

愛寶與樂寶的相遇與結晶，不只是長久等待的成果。這對年幼的貓熊離開中國，來到陌生的韓國，必須在不熟悉的環境努力適應並成長，對他們而言，過程中經歷的一切都是第一次。正因為每天努力的奮鬥，他們變成了成熟的貓熊。

陪在他們身邊的保育員也不例外,我們密切觀察並記錄貓熊的成長過程、行為與身體變化,隨時保持警覺,提供他們需要的幫助。保育員們第一次經歷這樣的過程,因此我們花了許多時間學習有關貓熊這種野生動物的知識,努力了解愛寶與樂寶。正因為如此,每一天、每一刻都充滿了期待。保育員與獸醫們觀察愛寶、樂寶還有彼此的狀態,努力學習必須知道的、必須做到的事。

經歷這段艱辛的過程,愛寶與樂寶成為世界上最可愛、帶來最大喜悅的寶物。他們從一對幼小的貓熊,成長為體面的成年貓熊,也成為韓國第一對貓熊父母。愛寶與樂寶的相遇、成長,如同韓國第一隻貓熊寶寶——福寶的誕生一樣,對我們而言是一場奇蹟。

宋寶正在為照顧福寶的愛寶收集竹葉。

在貓熊世界的室內展示館裡吃竹葉的樂寶。

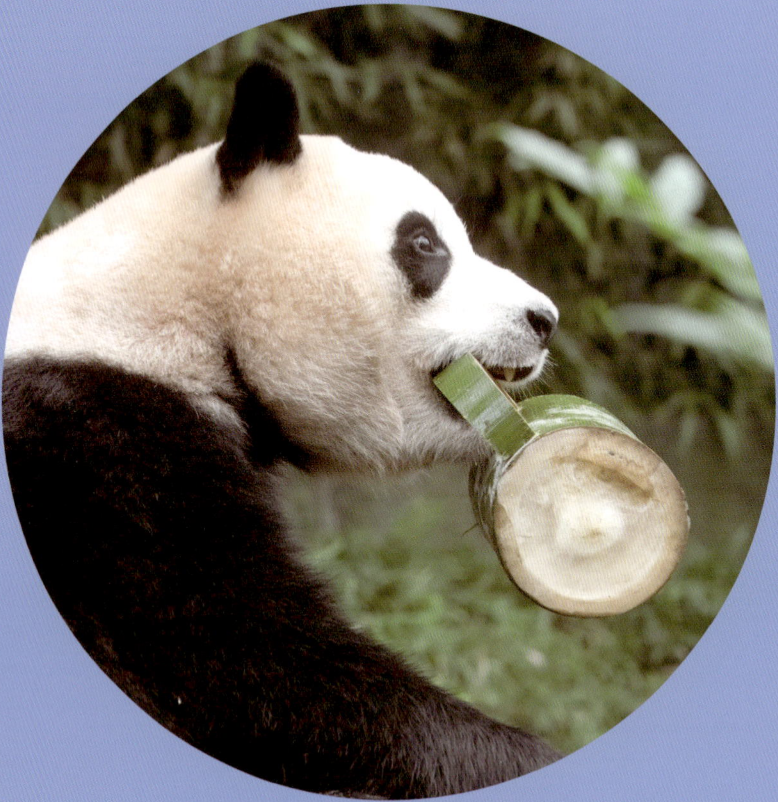

輯三

今天也是毛茸茸
又幸福的一天

竹葉使用說明書

> 擁有選擇好竹子的能力

竹葉當然要收集非常多片,然後張大嘴巴一次咬下去,才是最過癮的吃法。想收集美味的竹葉,首先要用鼻子聞,找出香氣濃郁的竹葉,接著把葉子抓住,用臼齒咬斷竹枝,然後靠舌頭的幫助,把葉子一片片整齊堆好。三個步驟必須完美結合,這可不是件容易的事。尤其是韓國河東的雪竹,堆成剛剛好的厚度,一口咬下去,滋味真是一絕!今天也要多吃一點,吃到想睡為止。

沙沙、沙沙,嚼嚼、嚼嚼!

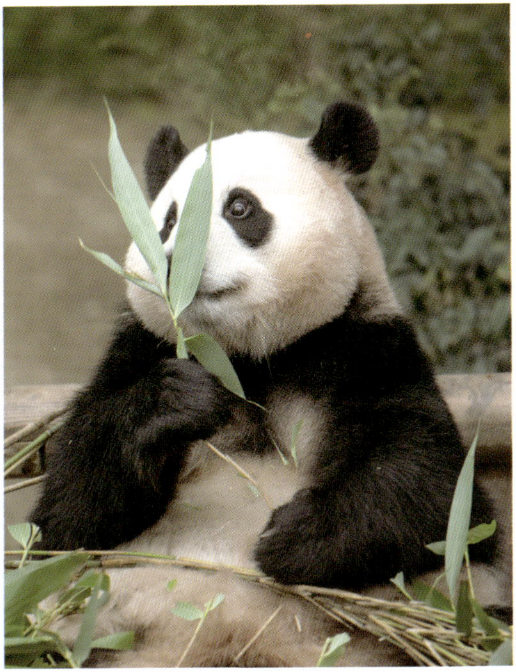

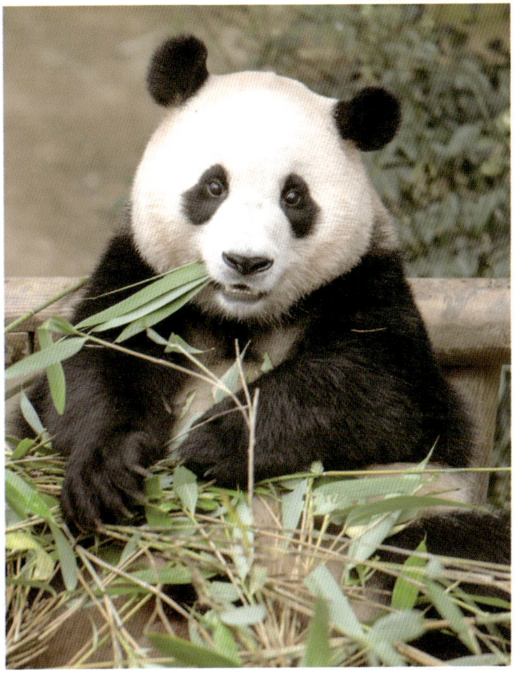

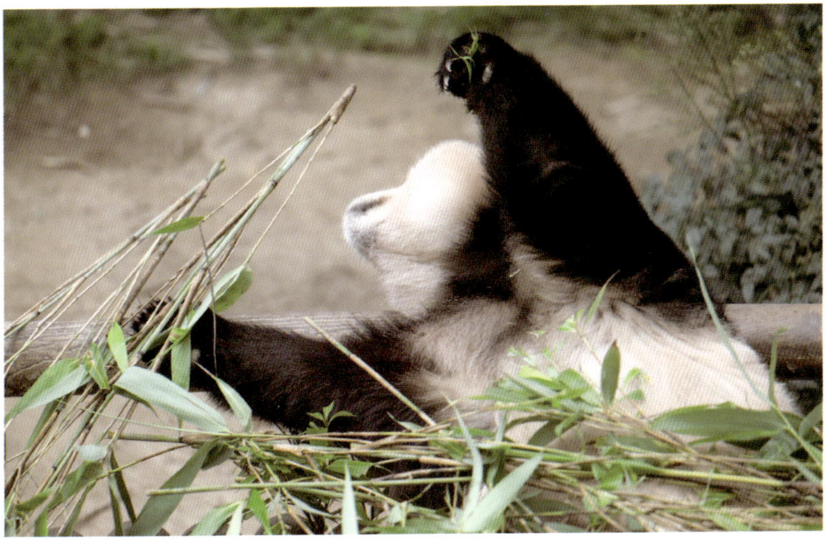

貓熊世界裡沉睡的福公主

用充滿愛的吻喚醒我

我是貓熊世界的國王樂寶與皇后愛寶誕下的公主福寶。因為我的出生不容易,從小就在大家的祝福中長大。但某一天,我被竹子的刺劃到,陷入了沉沉的睡眠。據說,只要真心愛我的王子出現,然後親吻我,我就能從沉睡中甦醒過來。我感覺到那位王子正站在我的面前,他很快就會給我一個充滿愛的吻,對吧?現在我應該要從沉睡中醒來,和他從此一起過著幸福快樂的日子才對⋯⋯奇怪了,怎麼只聽到「喀嚓喀嚓」的聲音⋯⋯!

「喂！你在幹嘛！
快點親我一下啦！
我等你好久了，快點！」

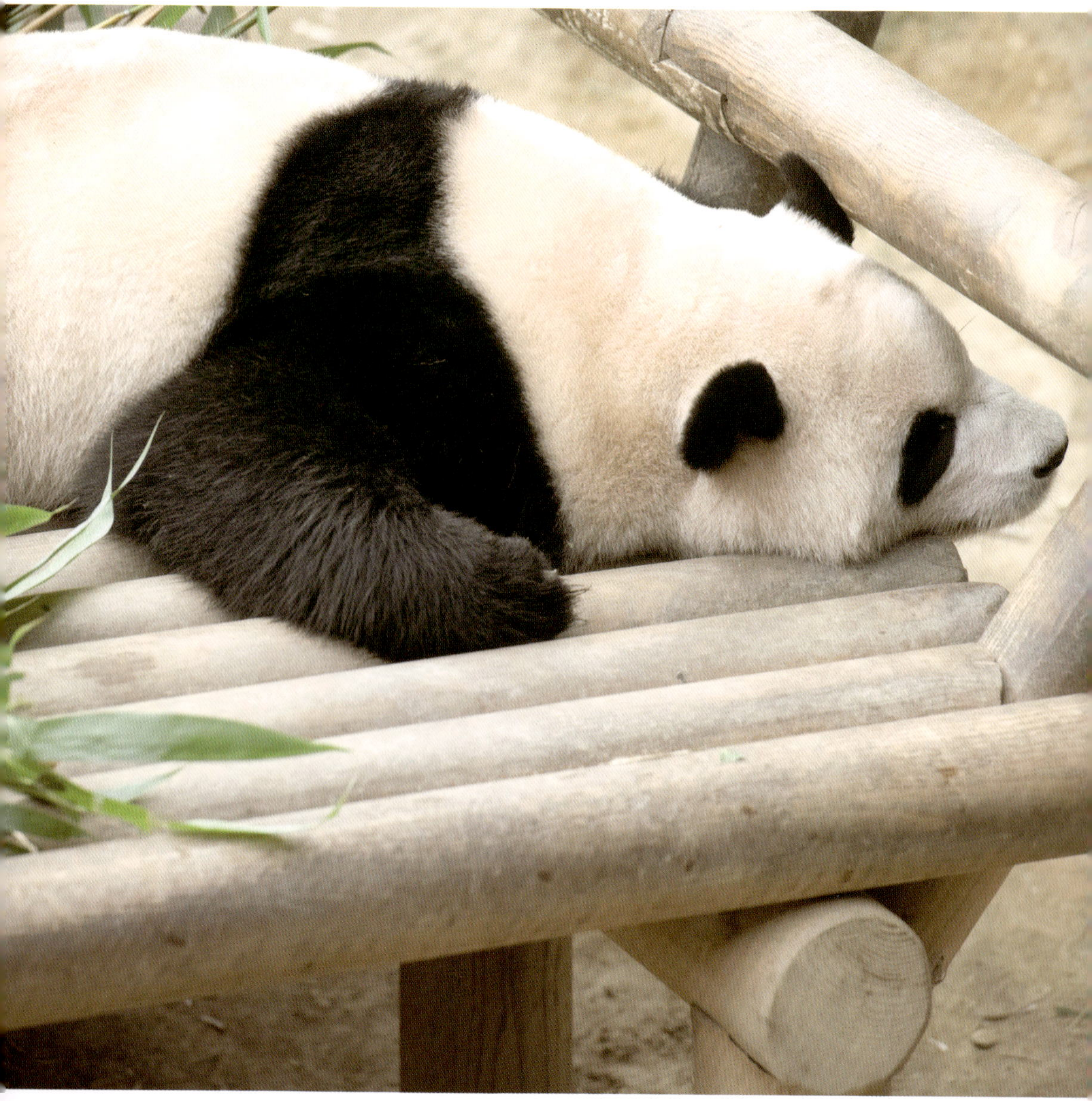

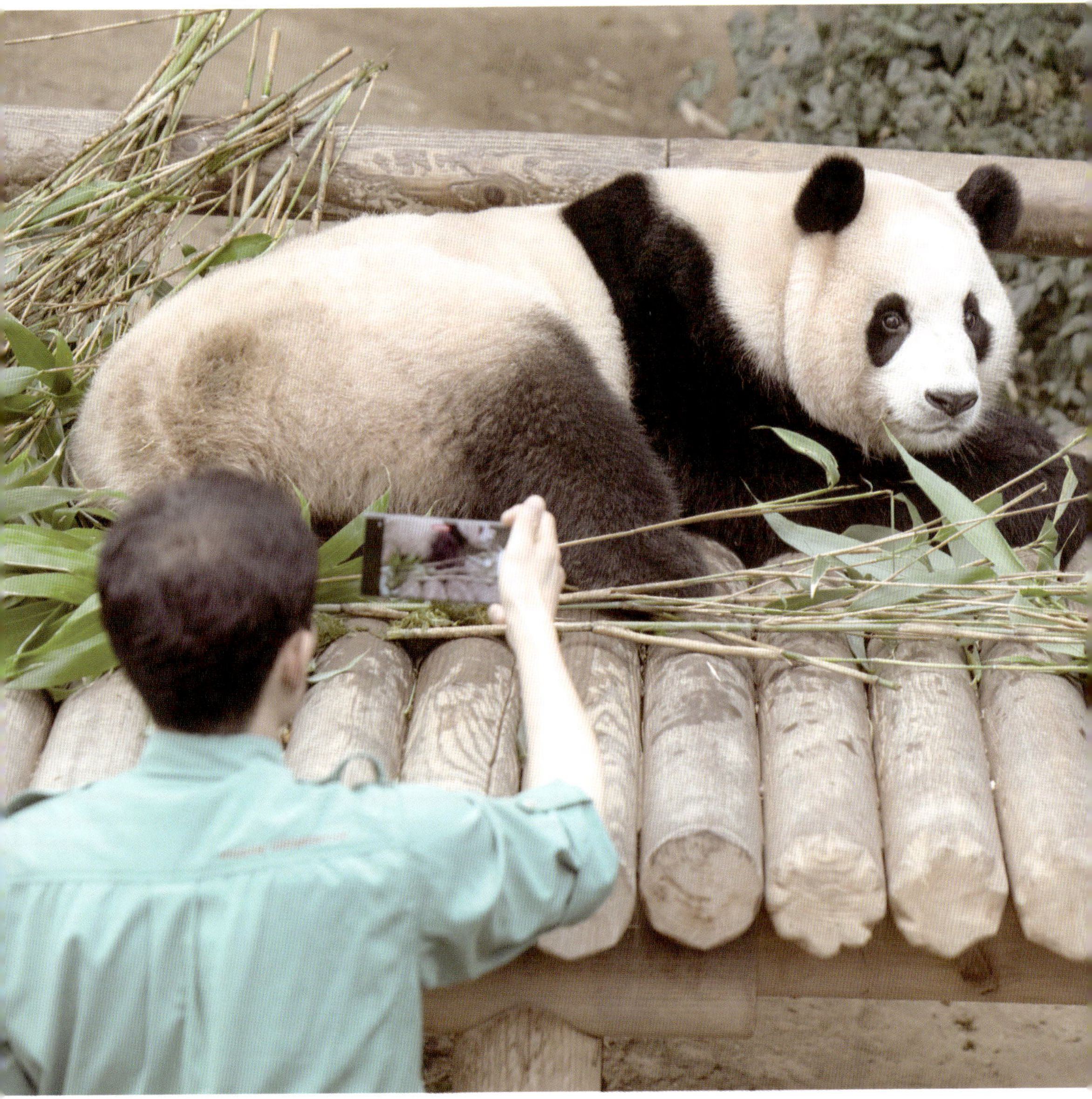

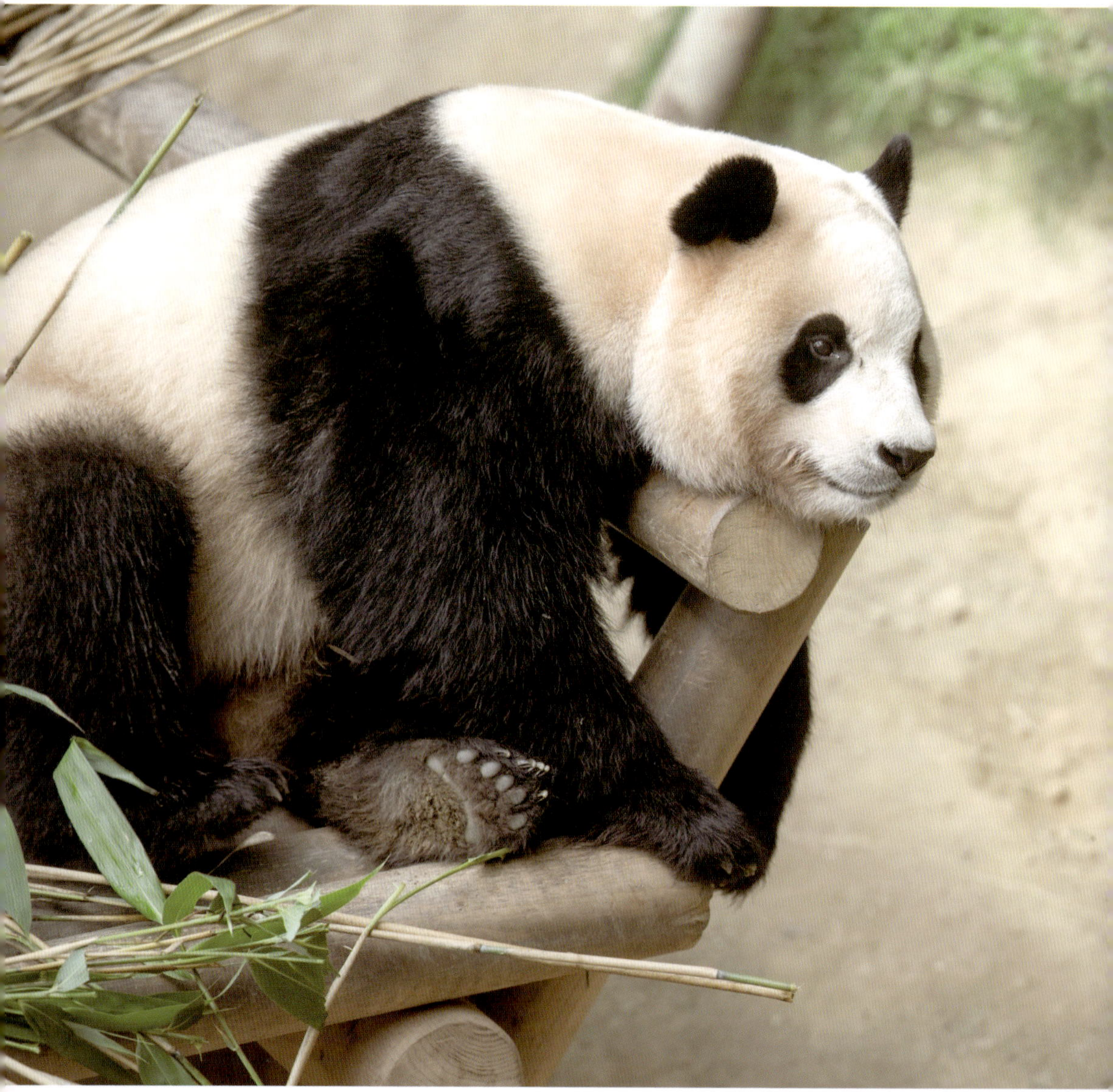

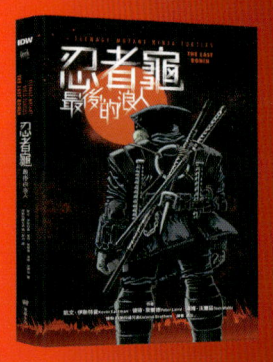

《忍者龜：最後的浪人》2025年9月3日上市

紐約時報暢銷榜話題之作！

在絕望的未來，他失去一切，僅剩復仇的怒火，讓他化身為「最後的浪人」……

看更多
新書內容

堡壘文化

福寶的解釋

> 極致的懶散還是徹底的勤奮

有人看到我之後說，貓熊好懶惰，每天都在睡覺，什麼事也不用做，命真好。我從沒想過有人會這樣說，聽到的時候真的嚇了一跳，開始煩惱到底該怎麼解釋我的生活才好。沒錯，我的生活就是整天不斷重複吃跟睡，但我覺得其中存在一些誤會，所以想解釋一下，請仔細聽哦。

我天生擁有猛獸的身體構造與器官，但我不吃肉，而是靠著吃竹子過活，也因為這樣，我的消化能力不太好。為了維持能量，我只能多吃竹子多睡覺，盡量減少活動量。對我來說，吃是為了幫助入睡，睡則是為了幫助進食。完美的一餐需要最棒的休息與睡眠，而完美的休息與睡眠，也離不開最棒的一餐。我是以生存為首要目標的野生動物，為了活下去，得用盡全力不斷重複吃與睡，只是外表看不出來而已。在這個世界上，沒有哪一隻野生動物的生活是不拚命的。

不過，我不貪心，只吃該吃的量，也只睡該睡的時間。別因為我看起來很悠哉就誤會了，我一點也不懶散，我是在遵循貓熊們以智慧找出的生存方式與規則，小心翼翼地度過每一天。這樣的日常，也許在某些人眼裡看起來是極致的懶散，但對我而言是徹底的勤奮。現在，你應該能明白，為什麼我會這麼拚命地重複吃跟睡了吧？

這是關於我如何生存的深刻故事。或許之後還是會有人說我看起來懶到不行，但我可是每一天都很努力的。如果你在看完這個故事後，可以放下誤解與偏見，理解我與其他貓熊，那就再好不過了！我今天也會非常勤奮，絕不偷懶！

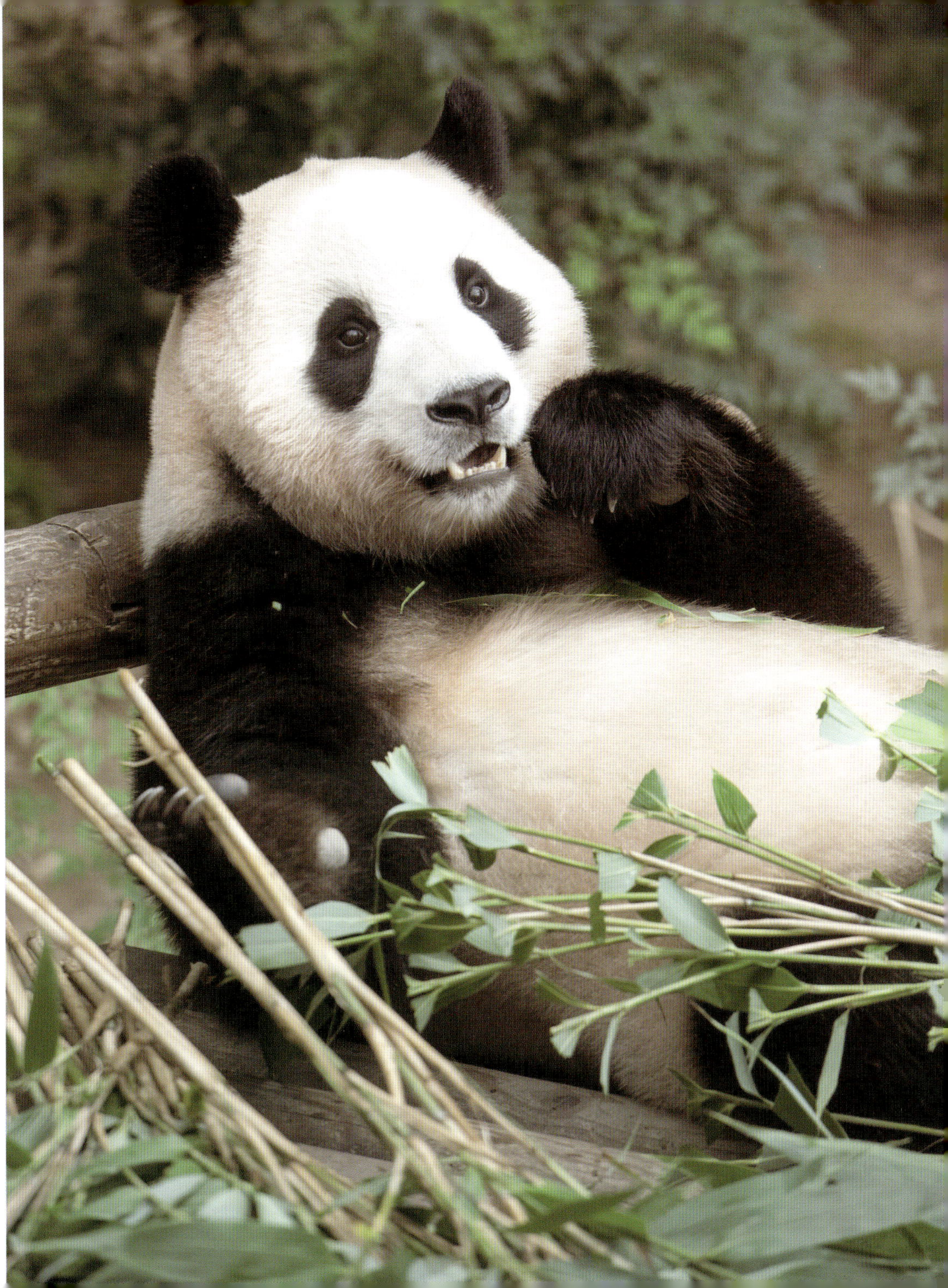

核心的力量

要告訴你祕訣嗎?

坐在樹上吃竹葉的我看起來怎麼樣?

姿勢端正又穩定,是不是很帥氣?

我來告訴你祕訣。

這一切都靠核心肌群的力量!

聽說貓熊可是天生就具備這塊肌肉呢～

培養柔軟度

好好生活的必備能力

一、二！一、二！
為了好好生活，柔軟度很重要。

柔軟度讓我能靈活爬上帥氣高聳的大樹，還有在任何地方都能找到舒服自在的位置。即使從高處掉下來或不小心摔倒，柔軟度也會成為重新站起來的力量。

不過其實，我是一隻內心比身體更柔軟的貓熊。想要身體和心靈都保持柔軟，必須每天持續鍛鍊，這樣才能變得堅韌又柔軟。

各位也試著像我一樣，過著身體和心靈都堅韌又柔軟的生活吧。

一、二！
一、二！

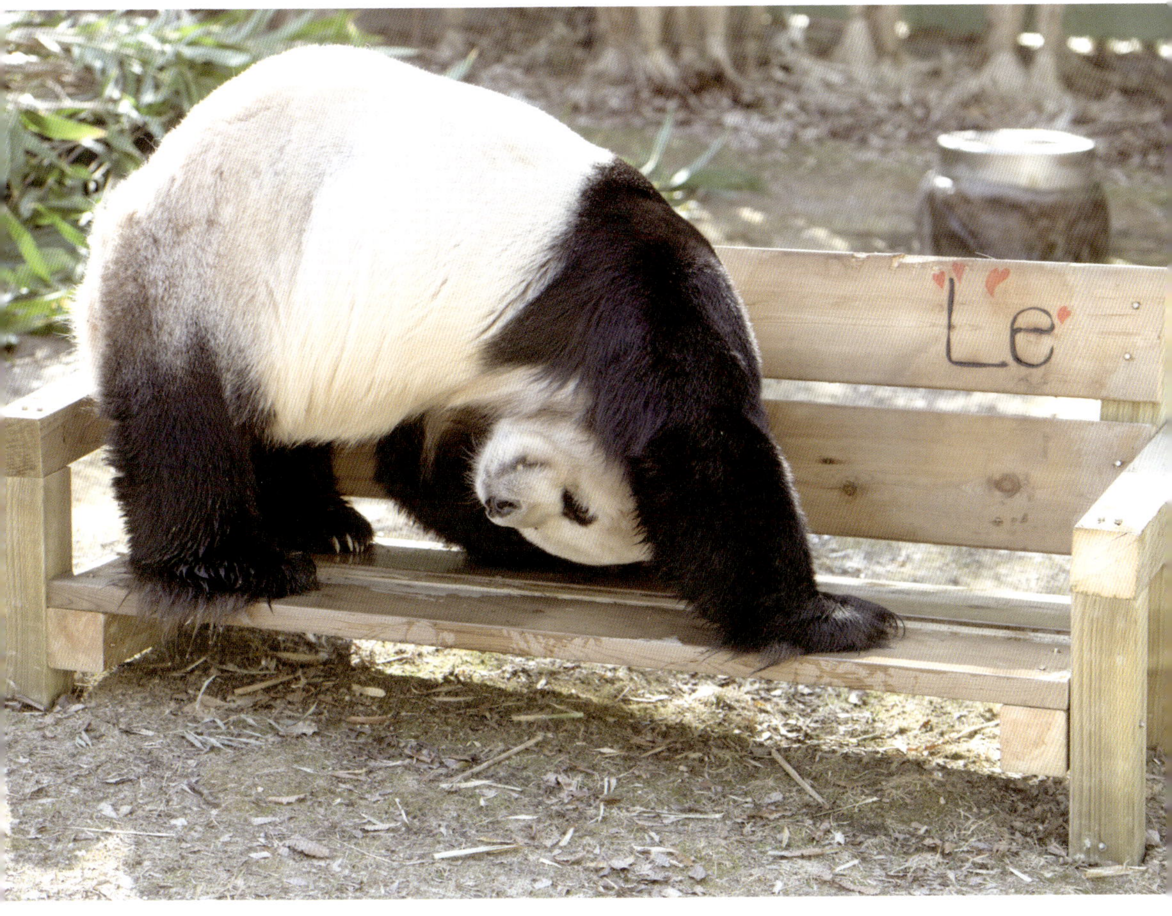
Le

雙層床 3

> 我比較喜歡下舖

沒關係，我覺得睡在這裡很舒服。雖然你可能不相信，但這可是一張雙層床哦。我知道媽媽在上舖，別擔心，不會塌下來的，因為我媽媽很苗條，圓滾滾的是我。不過有時候會睡到腳麻，這時候我會在鼻子上抹口水。有時候睡到一半，也會被媽媽的「地瓜」砸醒，但只要想到媽媽在我身邊，就忍著不抱怨了。雖然天花板要是再高一點就好了，但光是不會從床上滾下來，我就已經很滿足了。咦？你問剛剛那是什麼聲音？是媽媽放屁的聲音啦，不是我，裝作沒聽見就好，味道要過一陣子才會散去，等一下唷。現在是我跟媽媽約好一起往左邊翻身的時間，嘿咻！總之，我喜歡睡在下舖。

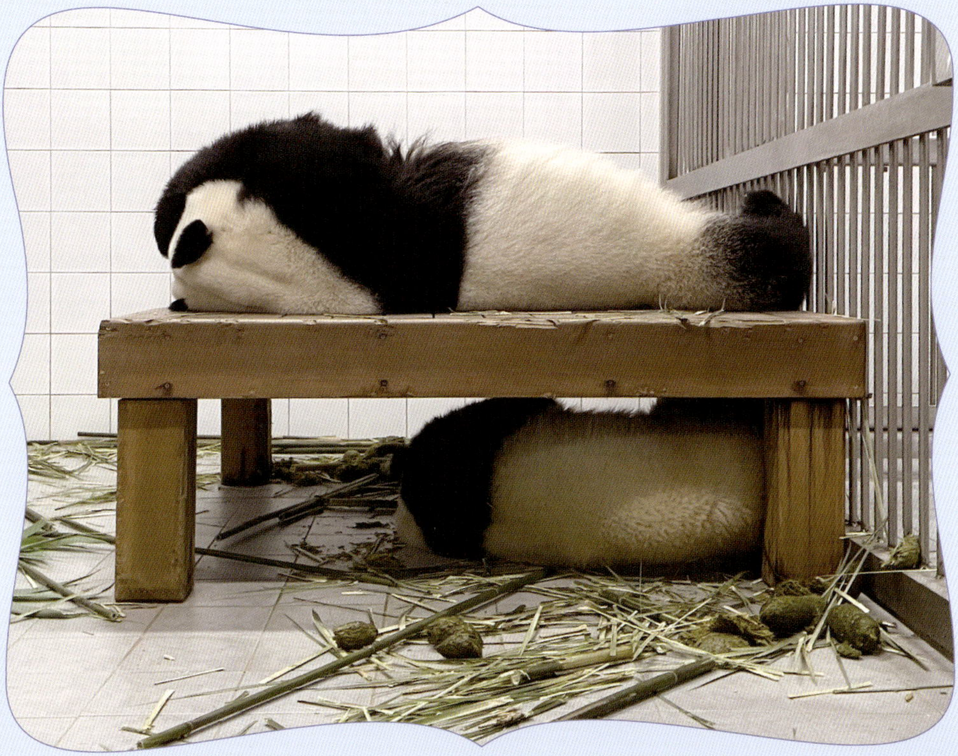

三宋手機

> 獨立是什麼？

幾天後就是我獨立的日子。宋寶推薦我一支用竹子做的智慧型手機，聽說叫「三宋手機」，遇到危險的時候，可以用它來聯絡。雖然我不明白為什麼我需要這個，不過聽說只要有這支三宋手機，就能跟爸爸和媽媽視訊通話了，獨自一個人的時候也可以排解寂寞。他邊説邊教我各種功能和使用方法。

好啦，我知道了～我會買的！

那這個要多少錢呢？有綁約嗎？

啊！對了，
什麼是獨立呢⋯⋯？

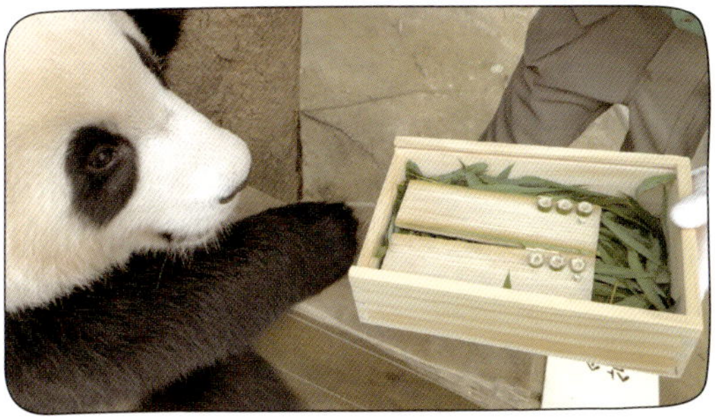

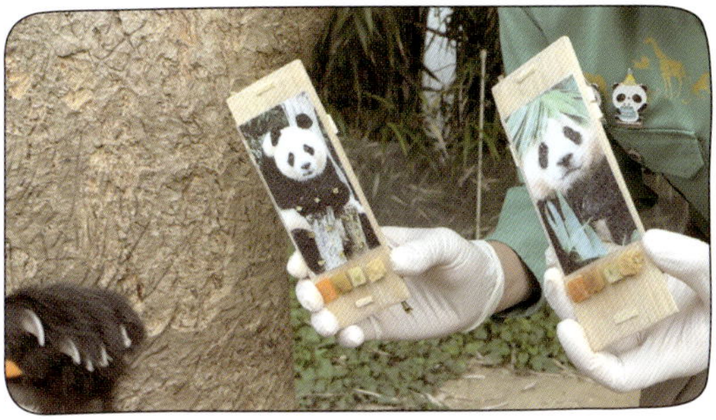

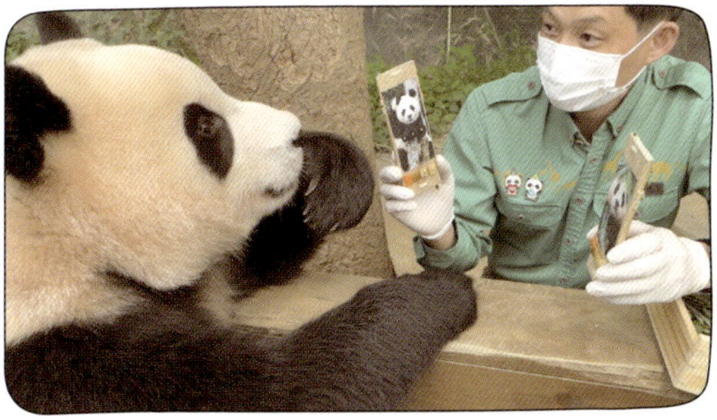

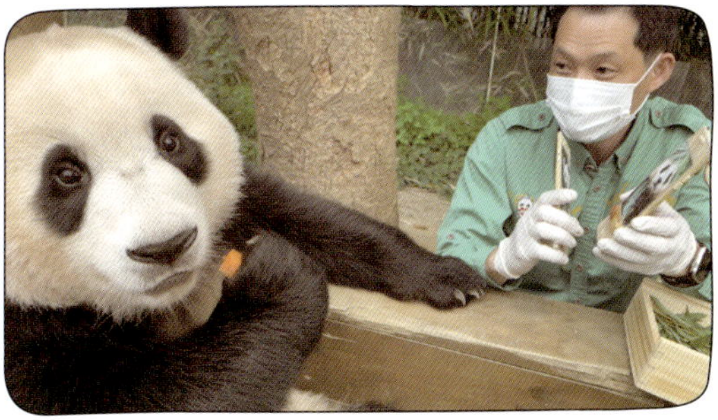

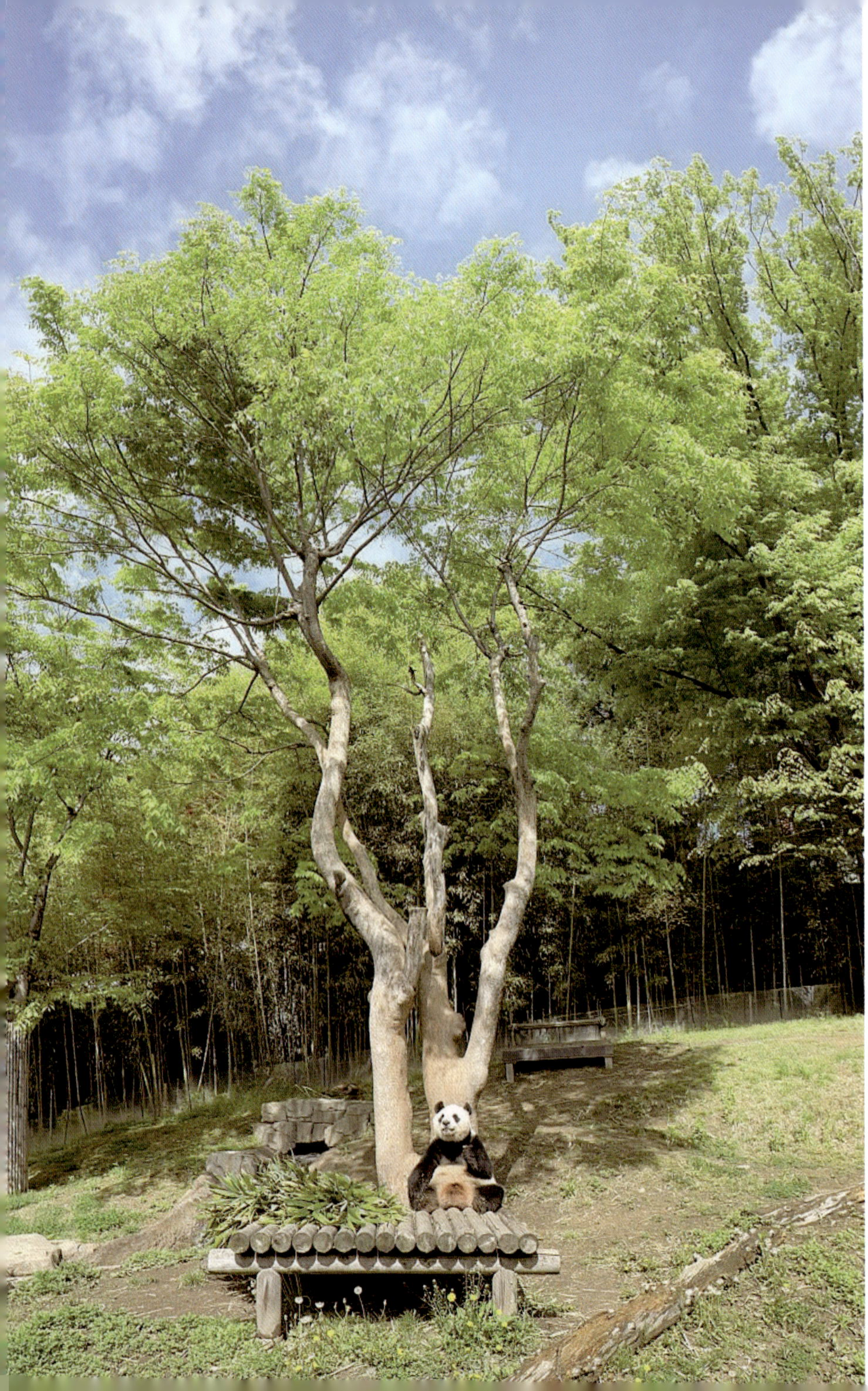

愛的車站

發車時間藏著祕密

在想要感受幸福的日子，我會展開一場只屬於自己的旅行。我會走到充滿春日氣息的車站，等待一輛名為「愛」的公車來接我，這輛公車的發車時間是祕密。因此等待的時候，得準備滿滿的便當。而且，公車停留的時間很短暫，為了不錯過公車，有時候還必須暫停吃飯確認才行。搭上公車後，前方的路程既遙遠又艱辛，一旦上了車，就無法中途下車，也不能換車。匆匆忙忙搭上到站的公車後，總會擔心自己好像忘記帶什麼東西，也會懷疑是不是搭錯了車。不過只要有可靠的導遊帶路，以及經驗老道的司機沿著既定路線駕駛，我就可以放心打開窗戶吹吹風。不知不覺間，我身旁坐了一位新乘客，他的氣息帶來了喜悅，讓我的內心也充滿了愛。然而，看起來我們的目的地並不相同，雖然有些遺憾，但我又回到了獨自一人的旅途上。

我開心迎接著向我奔來的風景，期待平安抵達目的地，也期待會有另一位讓我心跳加速的乘客上車。雖然公車行駛的速度飛快，美麗的風景呼嘯而過，但我用全身記住了那一瞬間深刻而滿足的畫面。剛搭上這輛公車時，我並不知道它會有終點，看著迎面而來的新風景，我總是感到無比興奮又快樂，一切都繽紛且神祕。我曾以為，這趟幸福的旅程永遠不會結束，但我現在明白了，這趟旅程終究會走到必須下車的盡頭。

現在的我,正等待下一班公車到來,因為我明白那就是幸福,也明白了幸福絕不是輕鬆就能擁有的。如果害怕離別而不去愛,就無法真正了解愛,因為連離別本身也是愛。對我來說,那輛名為愛的公車,總是匆忙靠近又悄然離開。當我必須從抵達終點的公車下車時,我會毫無遺憾地,把我所有的愛都留在車上,但或許,還是會留下一點點,甚至很多的不捨吧。但我必須這麼做,只有清空自己,才能讓未來到來的愛再次填滿我。今天我也在愛的車站等待,就算這一切只是美好的想像也無妨,因為這就是我的幸福,是讓我滿懷喜悅活著的愛。

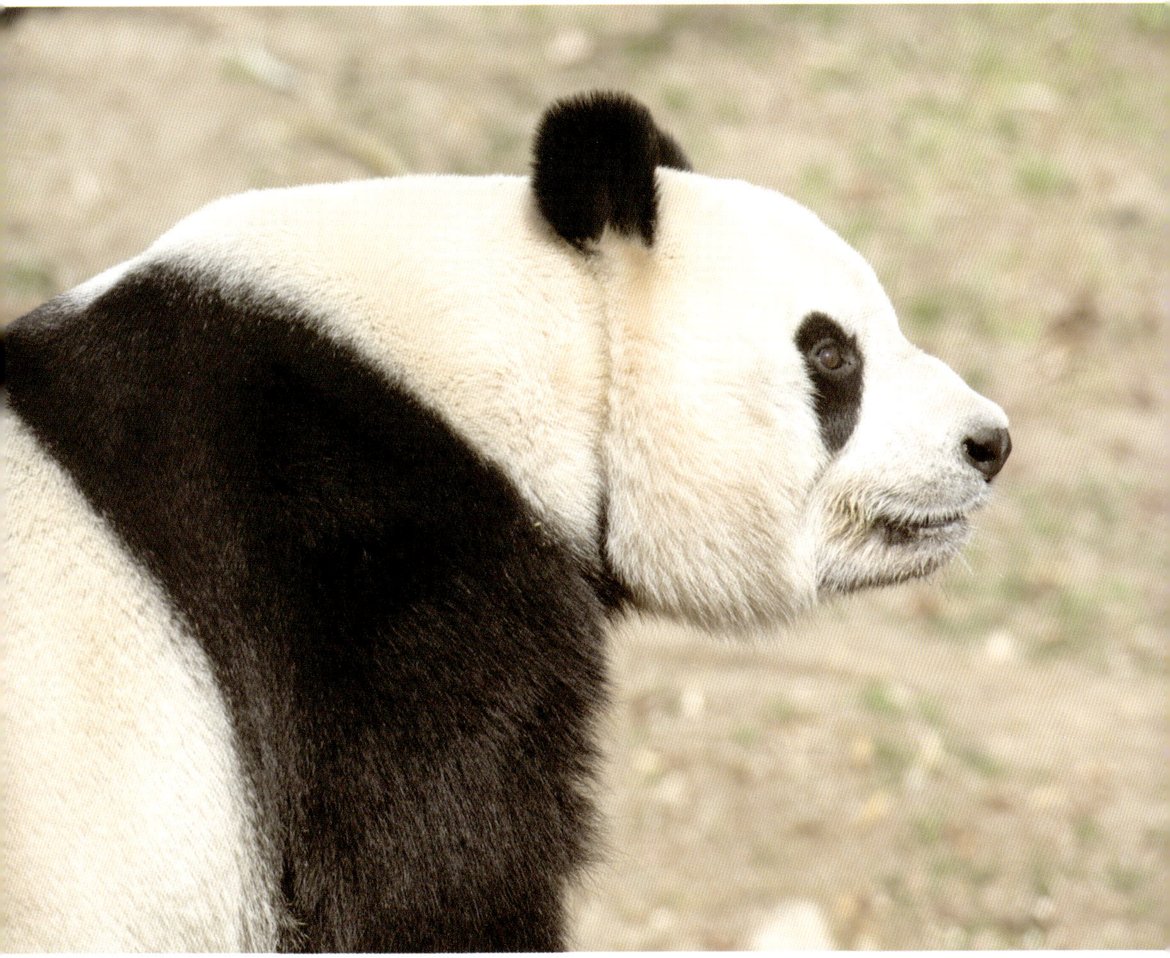

去見春天

我是快樂達人

為了和你一起，享受慵懶的午後小睡，
為了和你一起，迎接溫暖的風和陽光，
為了和你一起，在青青草地上吃便當，

為了向你盡情展現我的浪漫與魅力，
為了向你散發屬於我的香氣，
為了向你炫耀「全世界最帥氣的我」，

於是，為了見你、感受你、遇見你，
圓圓滾滾，咕嚕咕嚕，滾呀滾呀，輕輕搖曳，
呼喚著向我靠近的你。

春天啊，
可以來到我身邊嗎？
可以和我待在一起嗎？

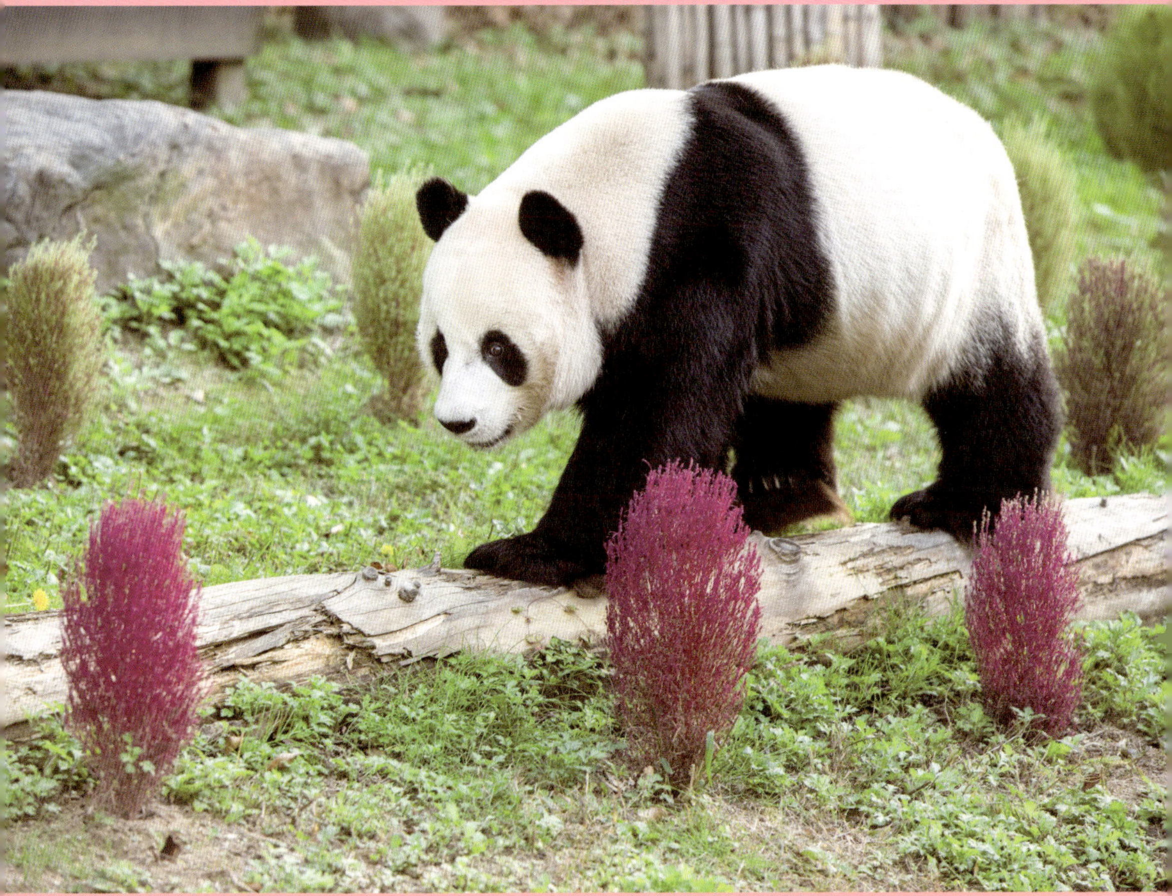

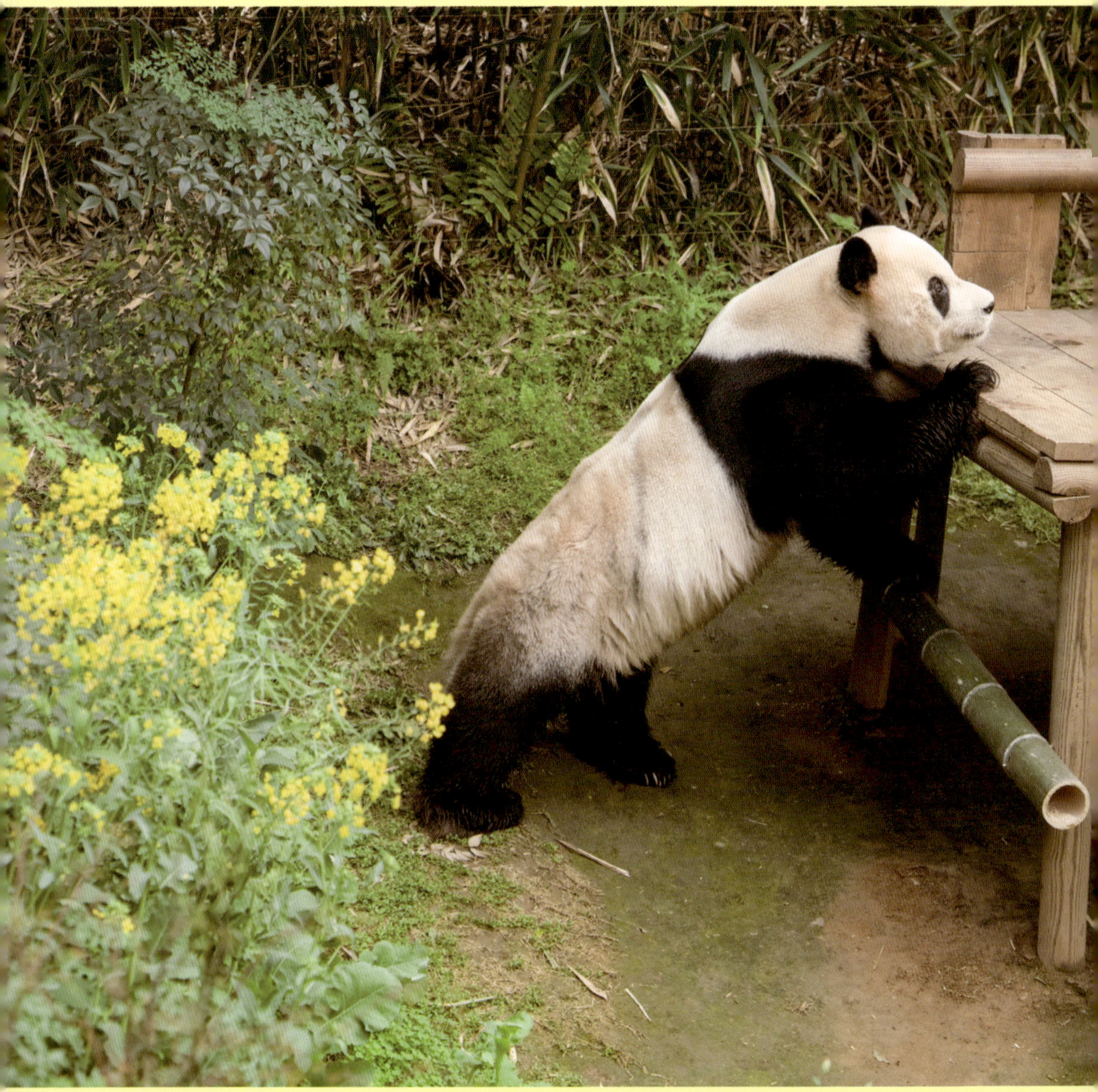

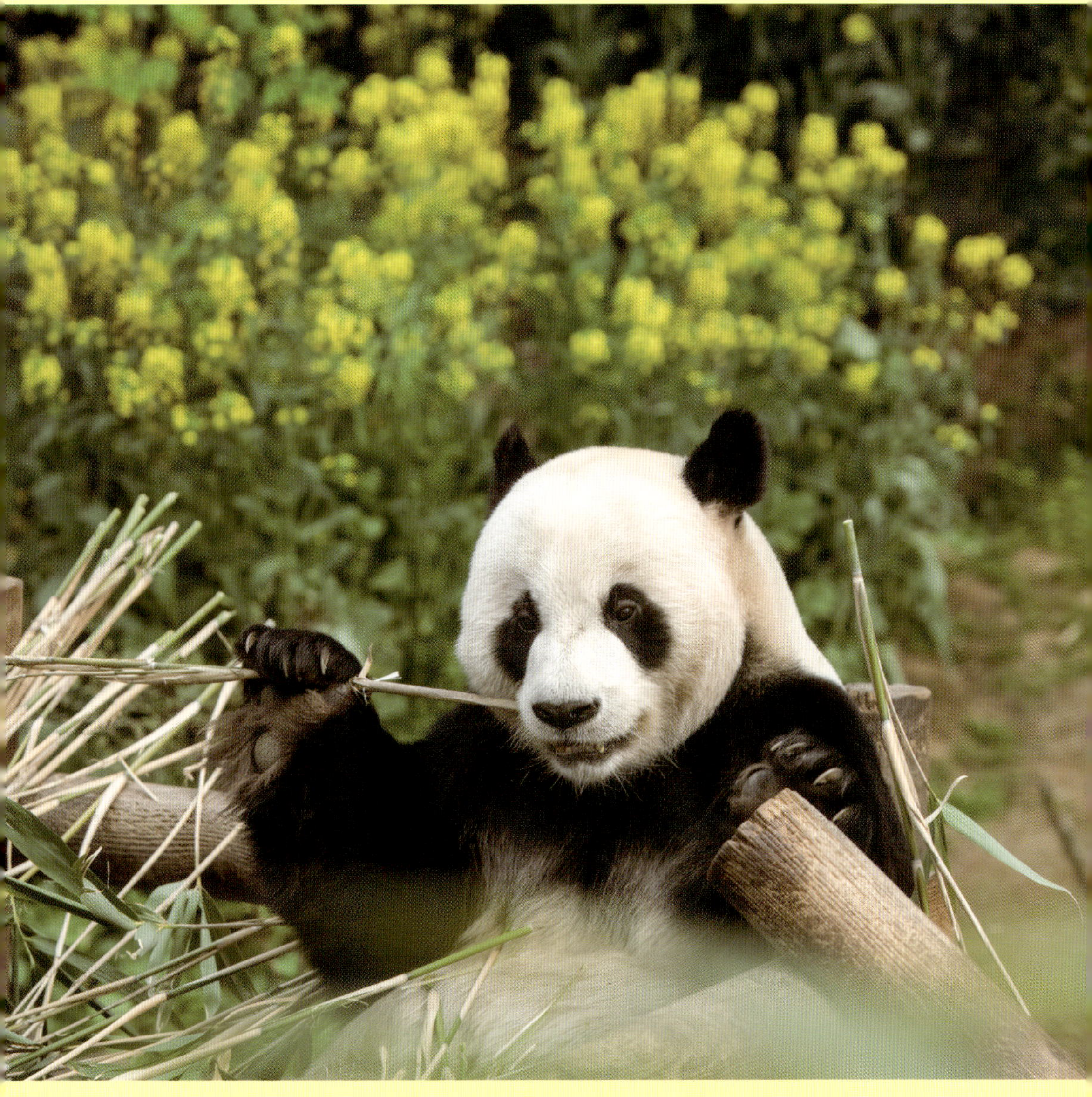

獨立生活

> 今天是想念媽媽的日子

每天我都努力、認真的生活著，但有些日子我會莫名想起媽媽，這時候我就會跑來這裡。這裡是我和媽媽用彼此氣味寫信的地方，今天媽媽又留下了什麼訊息呢？啊，她說不要對竹子發脾氣，別再嫌棄了，要乖乖吃光爺爺們送來的竹子。還叮嚀我不要跑進花圃，聽到沒聽過的聲音也不要害怕，如果嚇到打嗝了，就去找背背樹。還有外頭那棵欅樹很危險，不可以爬太高。媽媽說，如果想她的話，就寫一封氣味信給她。我有好多話想跟媽媽說，我決定要來寫封氣味信……對了！我還有一支宋寶送我的三宋手機！我要打電話給媽媽看看，你們要不要也打給我媽媽呢？我媽媽的電話號碼是031－2013－0713哦。

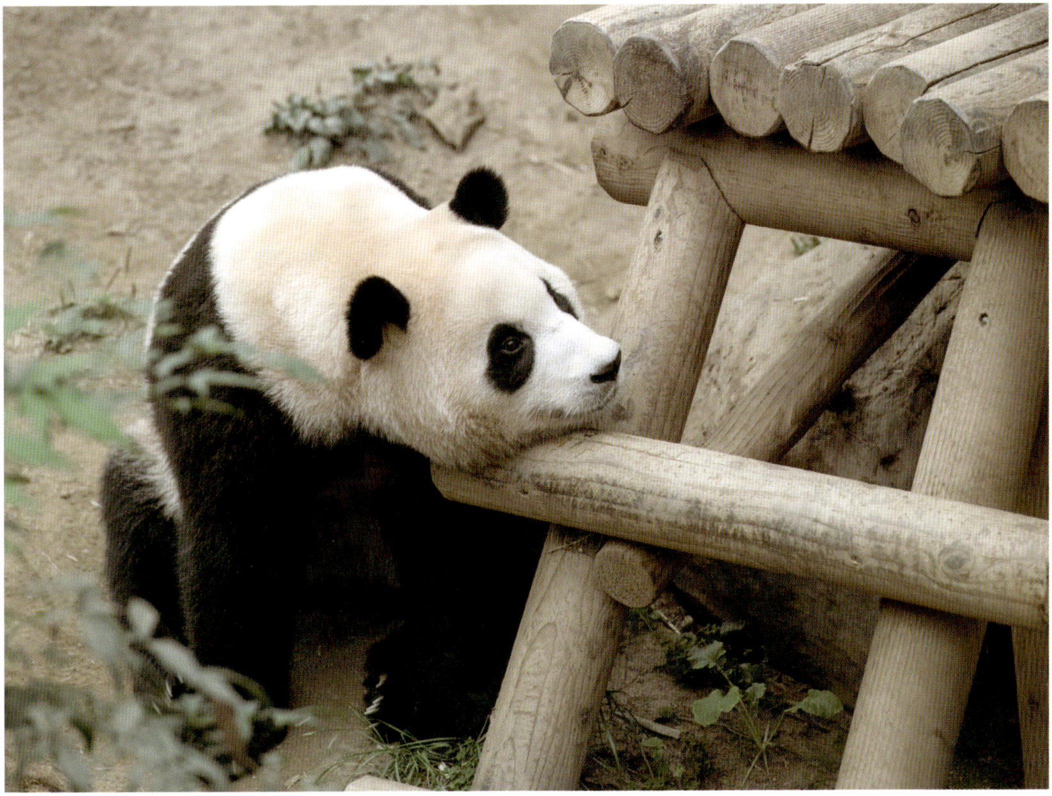

雙層床 4

媽媽的溫暖一直都在

還記得這是雙層床吧?我知道,現在上舖已經空了,睡到一半再也不會被上面掉下來的「地瓜」砸到頭,也不會被上方傳來的放屁聲嚇一跳了。不過,我的位置和心情還是一樣哦,雖然身體圓了一些,常常腿麻,需要用口水抹鼻子,但我還是覺得待在下舖最舒服。或許,我依然能感受到上舖留下來的溫暖吧,雖然沒辦法再跟媽媽一起睡了,但那個正在努力長大的小圓仔,光是擁有這份還留著的溫暖,就覺得很幸福了。所以,請不要擔心。我依然覺得,這裡是最舒服的地方。

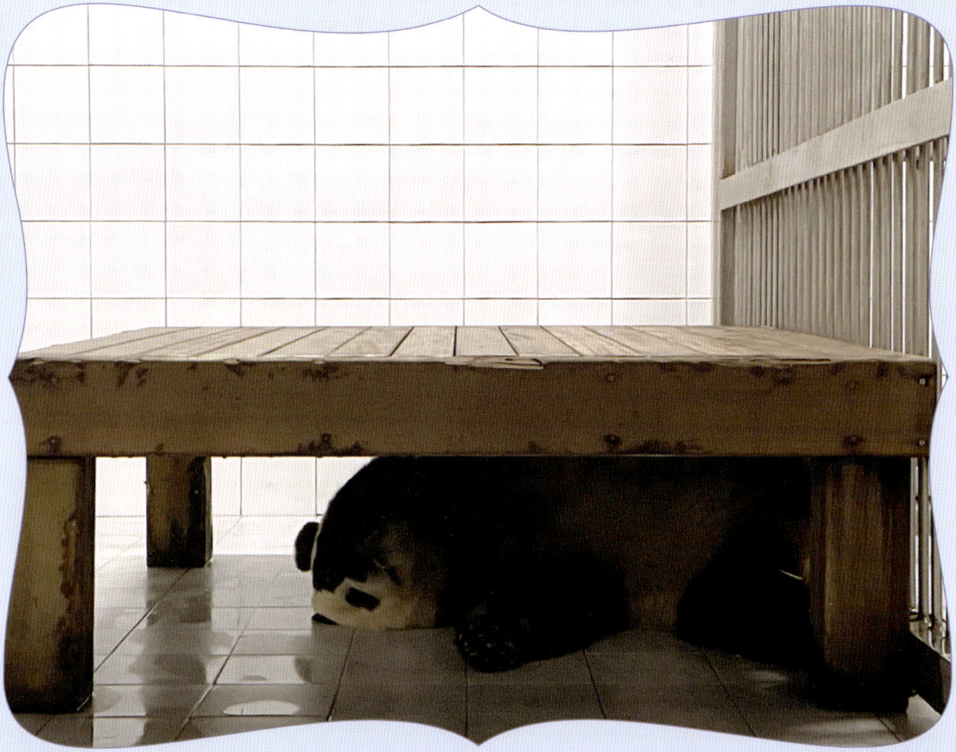

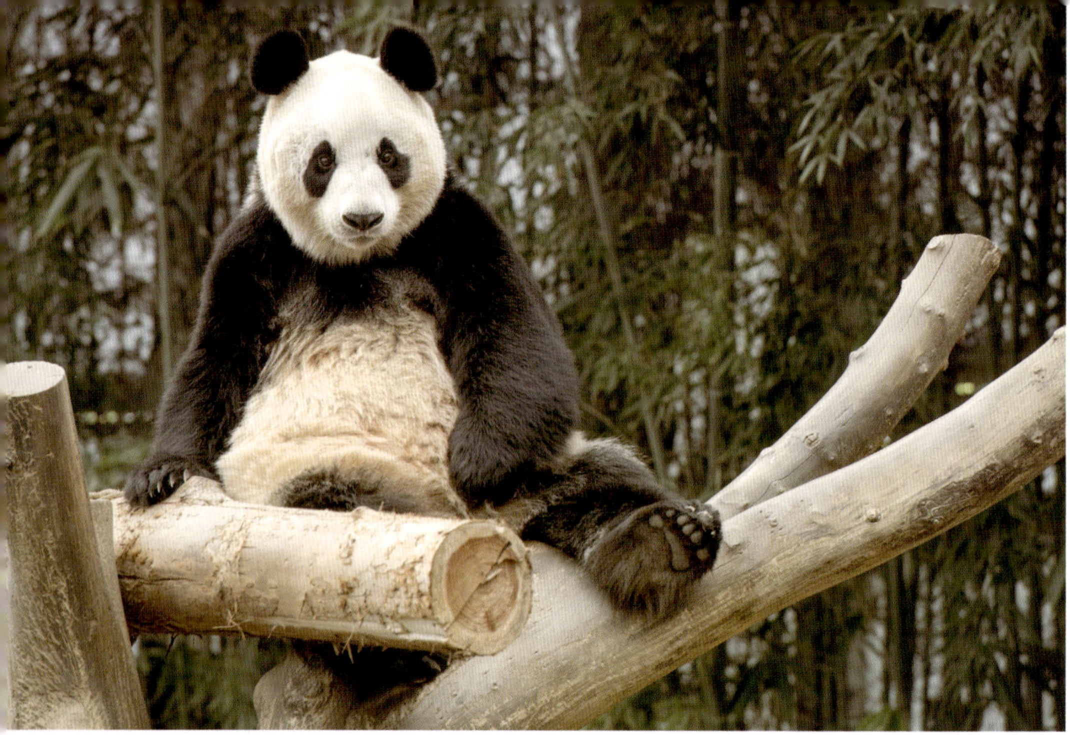

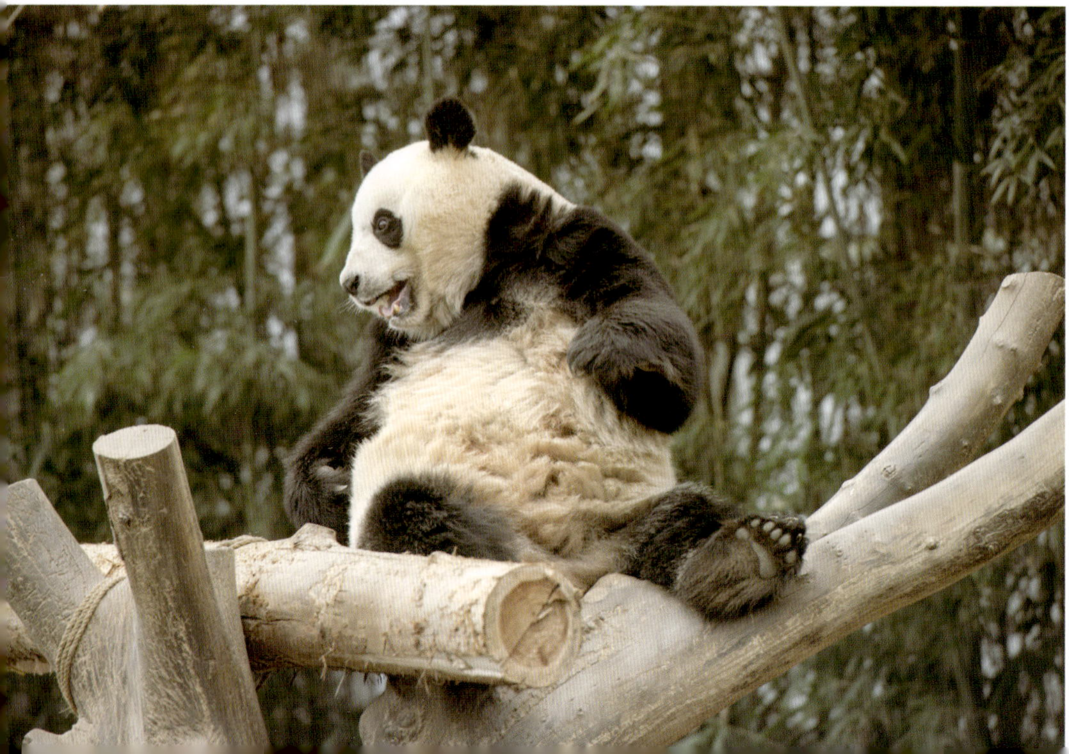

致獨立的福寶

用氣味信寄出我的愛

該來看看我們家女兒福寶最近過得怎麼樣了，就像所有貓熊一樣，我也能從空間中留下的氣味信來感受福寶。今天的背背樹上留下了好多故事呢。福寶說，她昨天也好好讀了我留在餐桌小梯子上的氣味信。有時遇到口味不太合的竹子，她還是會挑食一下；有時生氣了，會跑進花圃裡。幸好福寶現在已經勇敢許多，很少像小時候一樣，嚇到就開始打嗝。福寶說，背背樹是她最喜歡的地方，可以感覺到媽媽的氣息。但其實，在外頭的那棵櫸樹玩耍，不小心從上面掉下來的時候，她也會想起媽媽，不過福寶會拍拍身上的灰塵，堅強地站起來。聽說現在想媽媽的話，還可以打電話呢……等等，福寶好像打給我了，我來看一下三宋手機，哎呀，有一通未接來電啊。我得趕快回電給她才行，你們也想跟福寶講電話嗎？我們家女兒的電話號碼是031－2020－0720哦！

天真爛漫的步伐

心情好的時候就會跑起來

「小圓仔啊～」

啊！是小爺爺宋寶在叫我。每當聽到他溫柔的聲音，我總是滿懷悸動的心情，輕快地跑向他，因為宋寶總會準備很棒的禮物給我，所以每次都好期待他的到來。

這一刻，即使是圓圓的我，屁股也變得像羽毛般輕盈，眼睛就像發出雷射光一樣，原本不太好的視力也變清晰了，大概是因為我的心情太好了吧。我的鼻子也像在模仿小豬「嚄嚄」的聲音動個不停，不過，請不要誤會，我是浪漫派爸爸樂寶和可愛媽媽愛寶所生下的，天真爛漫的福寶！雖然宋寶一定又會開玩笑說「哎呀，公主的頭型長得跟爸爸一樣，該怎麼辦才好啊？」儘管如此，每次和宋寶見面，我還是覺得開心又幸福。

竹子眼鏡

視力好像突然變好了！

小爺爺說我的視力好像不太好，所以做了一副充滿竹子香氣的眼鏡給我。哇，真的整個世界都明亮了起來，看來早該戴眼鏡了呢。多虧這副厲害的竹子鏡框，為我動人的美貌大大加分！

咦？真是一副好眼鏡，

就算我把眼鏡拿下來，視力還是很好呢！

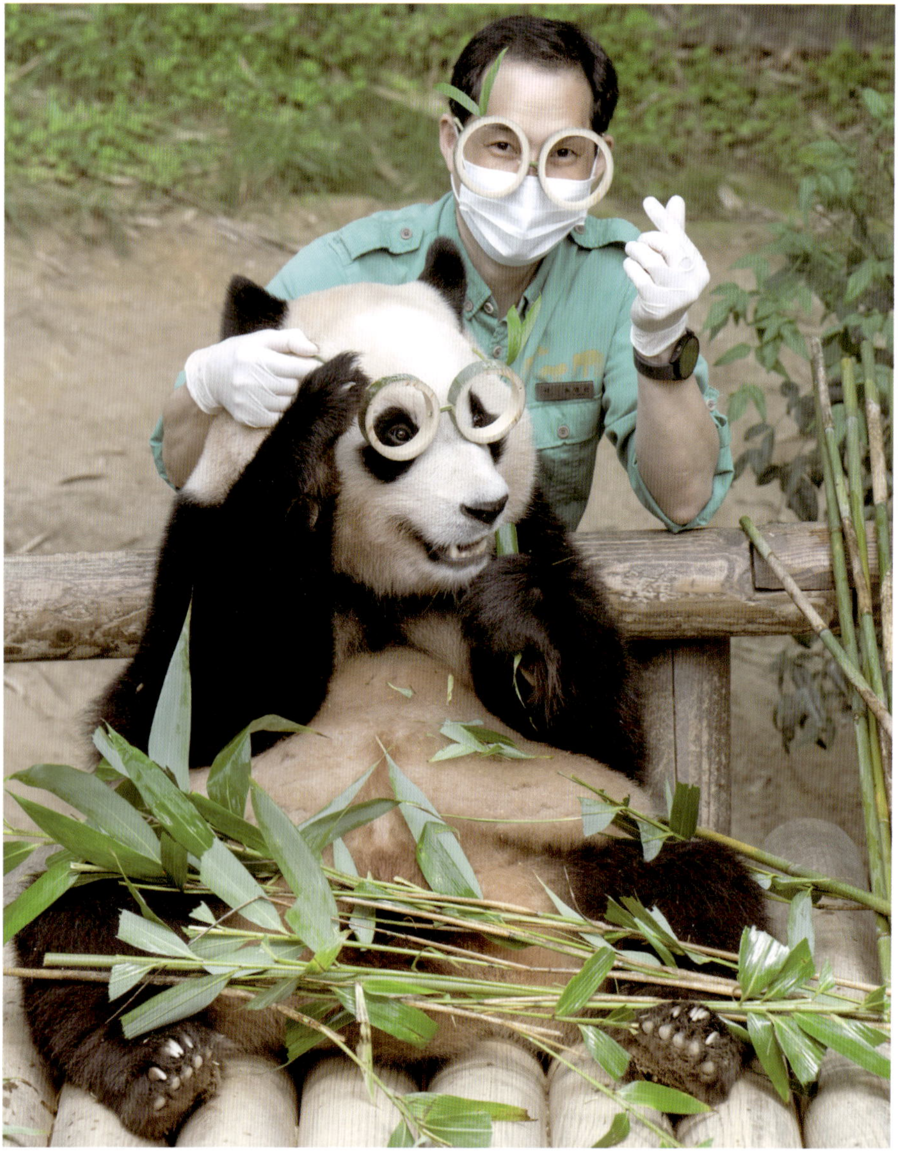

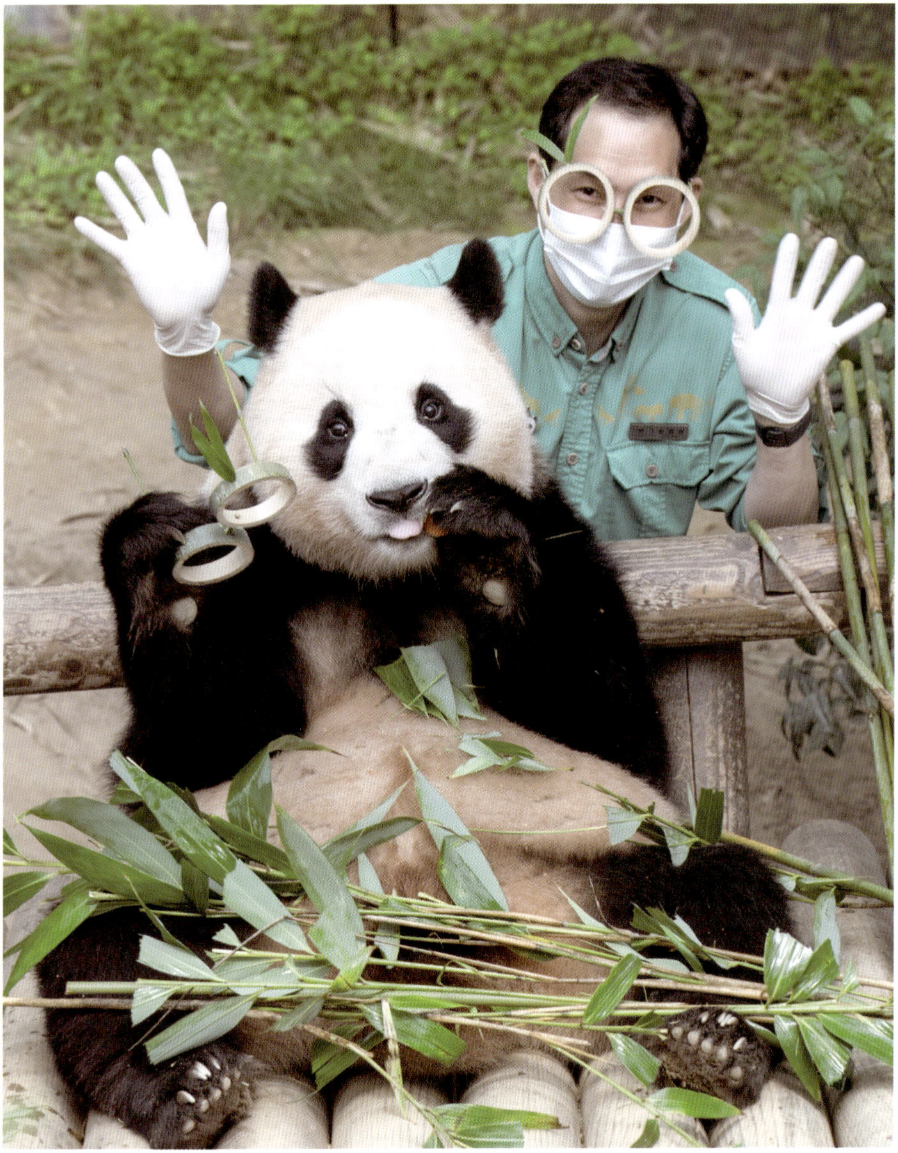

帥氣的吉他手

我彈吉他，你唱歌

你們知道嗎？我們家無所不能的爸爸，以前可是位帥氣的吉他手。快看左邊照片的模樣！拿起吉他的姿勢簡直是藝術家吧？再看看右邊！宋寶看起來就像搖滾巨星呢！時髦的長靴配上工裝褲，看起來跟舞臺非常搭呢！我們家爸爸樂寶和小爺爺宋寶，很厲害吧？

因為我天天吵著想學吉他，小爺爺宋寶還熬了幾天的夜，幫我和爸爸做了吉他！多虧了宋寶，最近我正在學吉他，爸爸樂寶還說，身為貓熊，至少要會一種樂器才行，這樣長大之後才會成為受歡迎的貓熊！

我最喜歡的歌是《我們村子主題曲》！
我來彈吉他，我們一起來唱好不好？

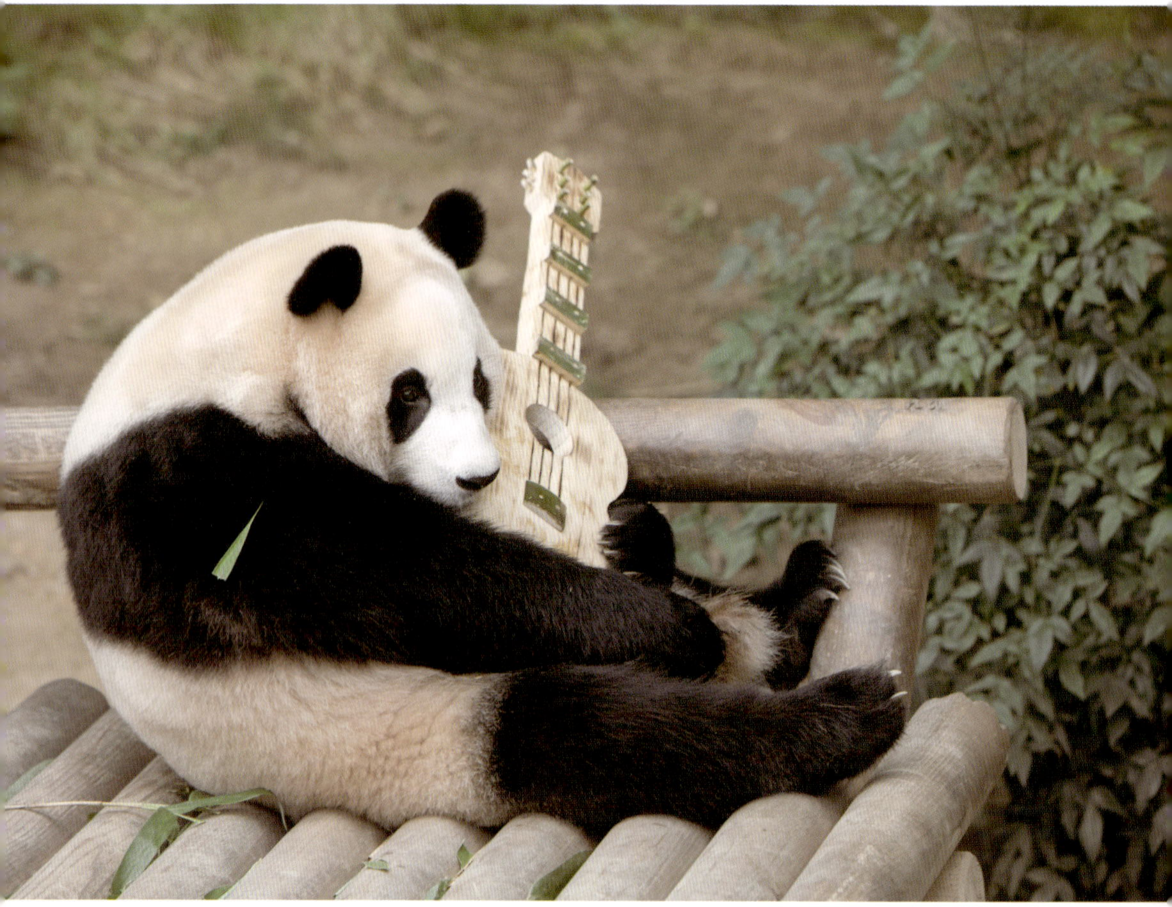

哎呀呀呀，好可愛的貓熊啊

只要看到你，總是好開心

愛你愛你，愛撒嬌的貓熊啊

像甜甜的夢般，朝我走來

爸爸媽媽哥哥姐姐都喜歡貓熊

只要和貓熊在一起，天天幸福滿滿

啦啦啦啦啦啦，笑容像花一樣綻放

每天都是開心的日子，貓熊啊真開心見到你

笑聲連連、充滿喜悅的貓熊世界

滿心歡喜、幸福洋溢的愛寶樂園

歡樂無窮，一同享受

笑容在臉上閃閃發光

帶著滿心期待的心情

尋找世界上最可愛的朋友

左看右看，綻放滿面笑容

嘻嘻哈哈，開心的今天

和煦的陽光裝著滿滿的美麗笑容

清新微風中唱起歡快的歌

山間的小鳥也開心地一同歌唱

這美麗的地方就是愛寶樂園的貓熊世界

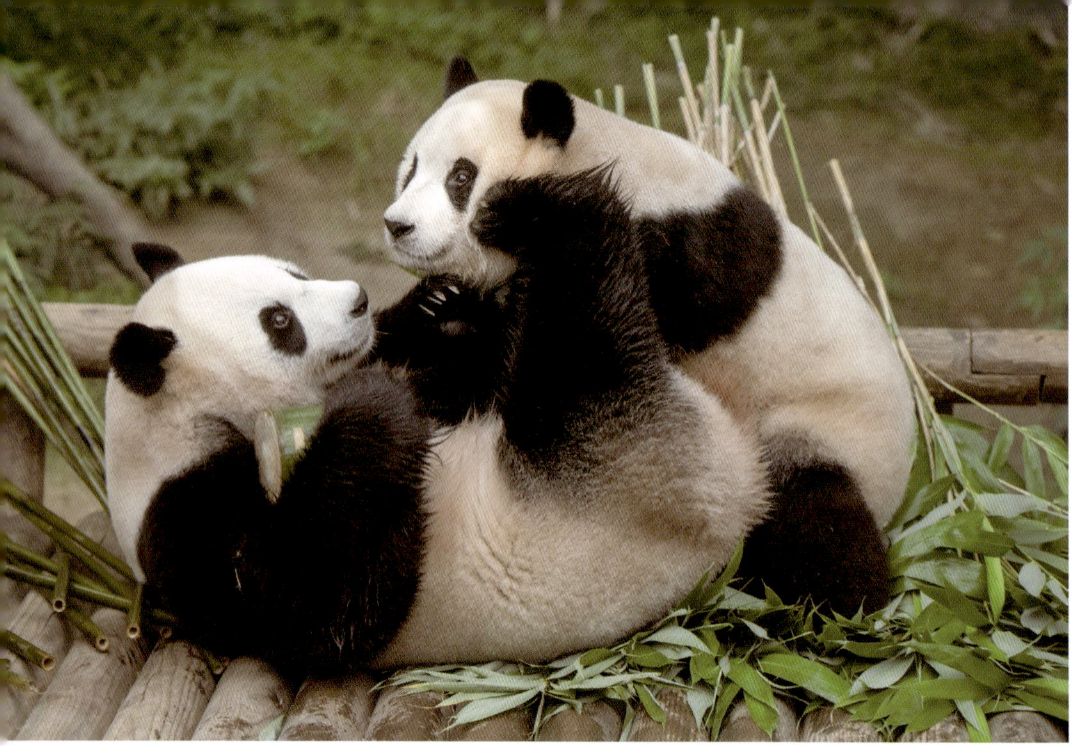

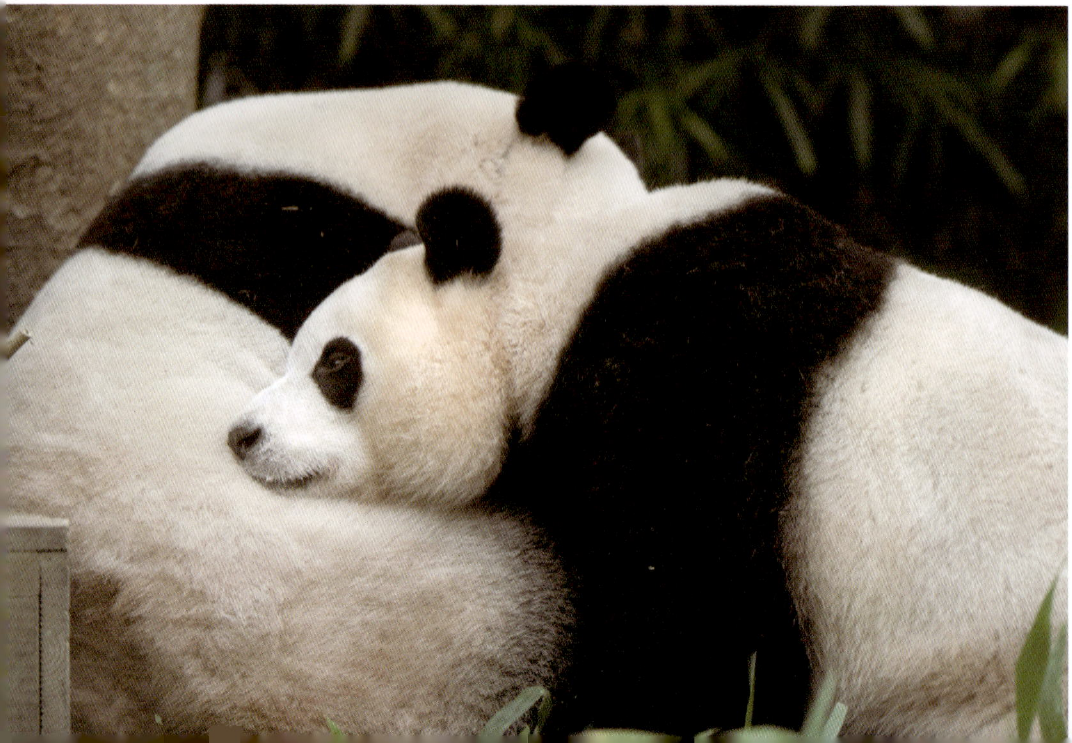

夢想是愛寶

> 我會成為寶物！

有一天宋寶問我，

你長大想成為什麼樣的貓熊？

我想起了媽媽，

然後充滿自信回答他，

「我要成為世界上最漂亮、最可愛的寶物！」

關於被愛

要和我手牽手嗎？

被愛，
就是有人緊緊牽著你的手。

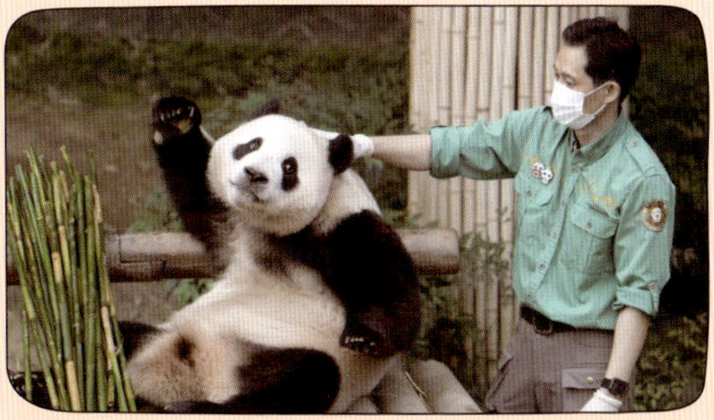

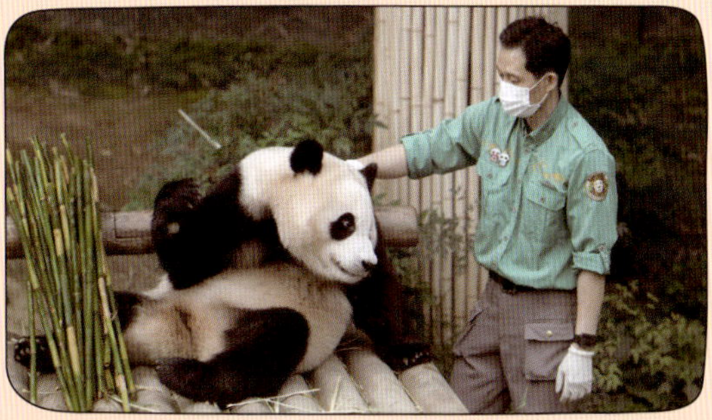

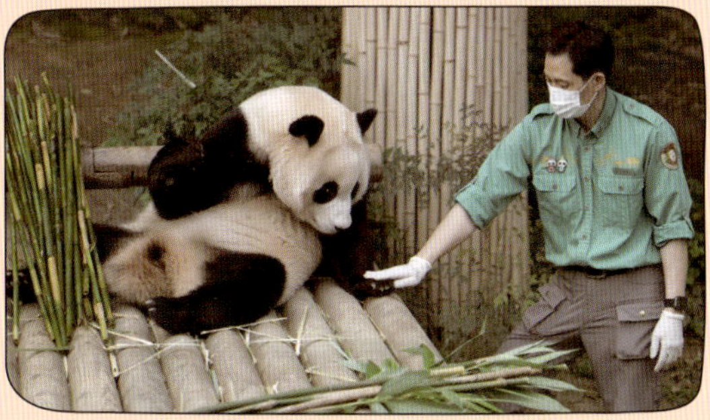

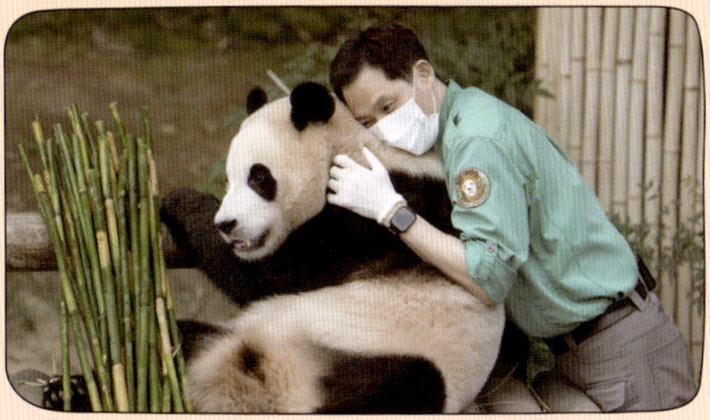

> Notes

與寶家族相連的我們

最近我常常思考，對大眾而言，寶家族具有什麼樣的意義。自從福寶誕生後，大眾對寶家族的關注與喜愛，產生了很大的變化。在那之前，大家的目光似乎只停留在「貓熊」這個大框架上，而不是關注每一位寶家族成員的名字、特徵或生活故事等細節。雖然保育員和動物園的工作人員努力向世界傳遞寶家族蘊含的祕密與訊息，但這並不容易。當時大家對保育員這個職業的認知，也與現在大不相同。由於我們很難讓大眾的目光放在動物園和保育員身上，所以那些想透過野生動物來分享的故事，也不容易被看見。然而，隨著韓國第一隻貓熊寶寶「福寶」的誕生，不只是寶家族，連動物園和保育員也收到了大眾滿滿的關注與喜愛。而且這份心意，帶來很大的改變。

因為福寶，我們讓大家清楚看見，動物園裡的野生動物們在無數人的關愛下，受到細心照顧與保護，並且透過系統性的保育計畫延續他們的生命，更進一步呈現了動物園存在的意義與價值。然而回想起來，那段時間並不容易。在福寶誕生之前，除了保育員和獸醫外，還有非常多動物園工作人員的努力。我想起

當初愛寶和樂寶剛來到愛寶樂園貓熊世界的時候,在那之後的五年,我們盡力讓他們能自然展現貓熊本有的習性與生活模式,讓他們健康成長後遇見異性,發揮身為雄性與雌性貓熊的隱藏本能,順利孕育下一代,讓新生命迎來世界的第一道光。這段過程中,保育員也度過了艱辛的時光,有許多難以言喻的傷痛、挫折、煎熬與悲傷,但我們選擇了忍耐與承受。直到與福寶相遇,那些痛苦才被治癒,就像大家在各自的處境中遇見福寶時一樣。

疫情期間,大家都經歷了一段艱難的時光。可惜的是,當時許多人無法親自來到貓熊世界,近距離欣賞可愛的小貓熊,但透過各種傳播管道,過去的努力與過程再次受到矚目。人們說,愛寶無私的育兒與充滿愛的照顧,讓人感動不已,也從保育員與野生動物之間的關係、他們真摯的努力,以及福寶的成長過程中,獲得了希望。在這個過程中,以福寶為中心,自然而然地形成了「寶家族」。這就是福寶與寶家族帶給大家的珍貴寶物吧,就這樣,我們之間產生了特別的連結。

我們都知道,有愛就會有離別,有喜悅

也會有痛苦，人生中，快樂的時光與悲傷的時光總是並存。但同時我們也明白，即使在傷痛中，也要努力尋找綻放的幸福，並讓它成長茁壯。也許正因如此，許多人在樂寶的生命中找到了喜悅，在愛寶的生命中感受到了愛，在福寶的生命中體會到了幸福。而且，人們不僅跟寶家族建立更深刻的情感連結，也開始學會體貼他們一家，即使只是短暫的參觀時間，大家也會特別小心，不讓聽覺敏銳的寶家族受到驚嚇。人們對動物的喜愛，轉化成從動物的角度來思考，並給予理解、尊重，實在非常振奮人心。人們從動物身上獲得療癒，也開始照顧動物、回報幸福，這真是無比美好的景象。當然，我們知道前方的路還很長，但能夠往前跨出一步，在成熟的參觀文化中，見證人們對野生動物真摯的愛，這別具意義的時刻，讓人感到無比欣慰與自豪。

如今，我們與寶家族產生連結，一起生活在這個世界上。寶家族與福寶帶給我們的，正是我們與他們相連、共存的這段日常。

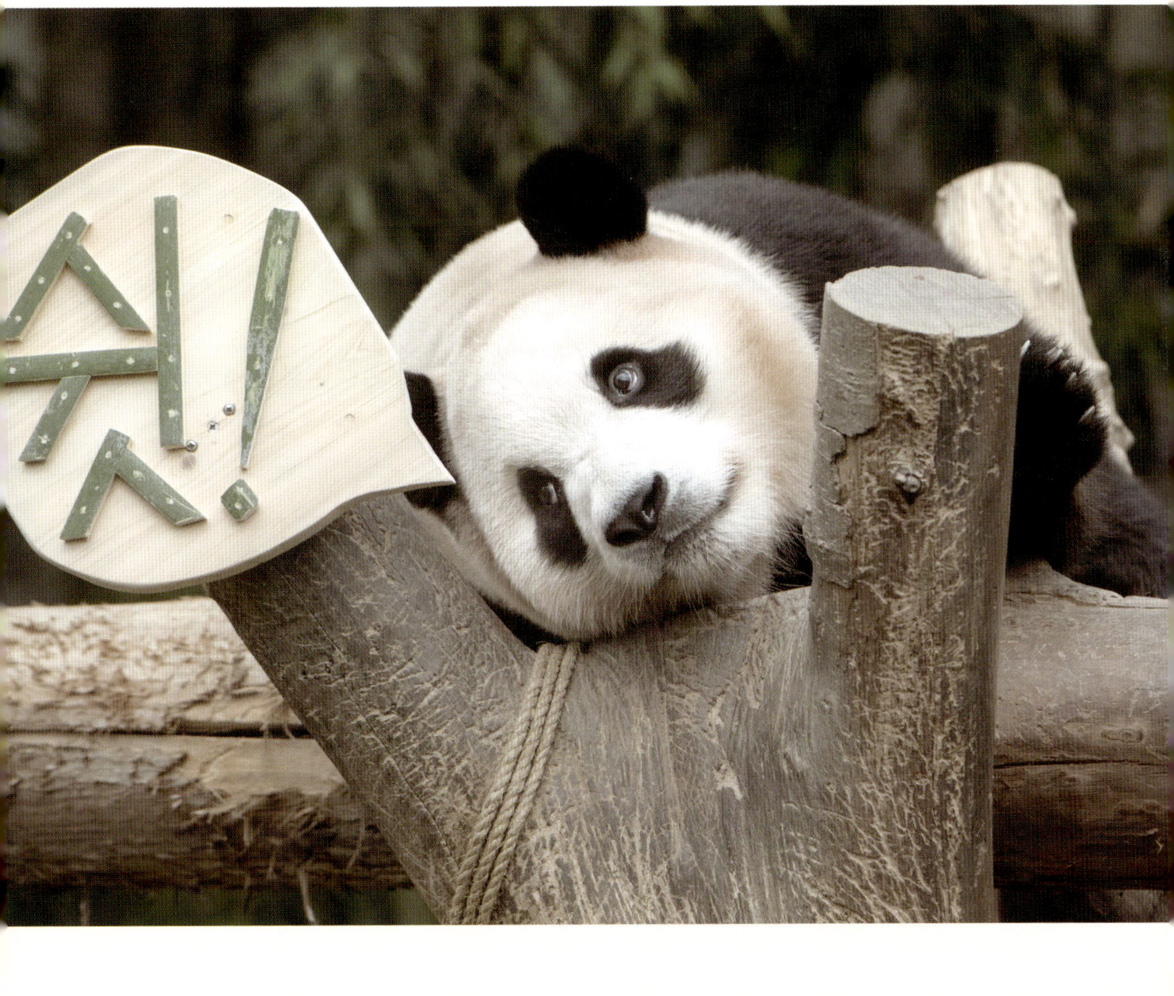

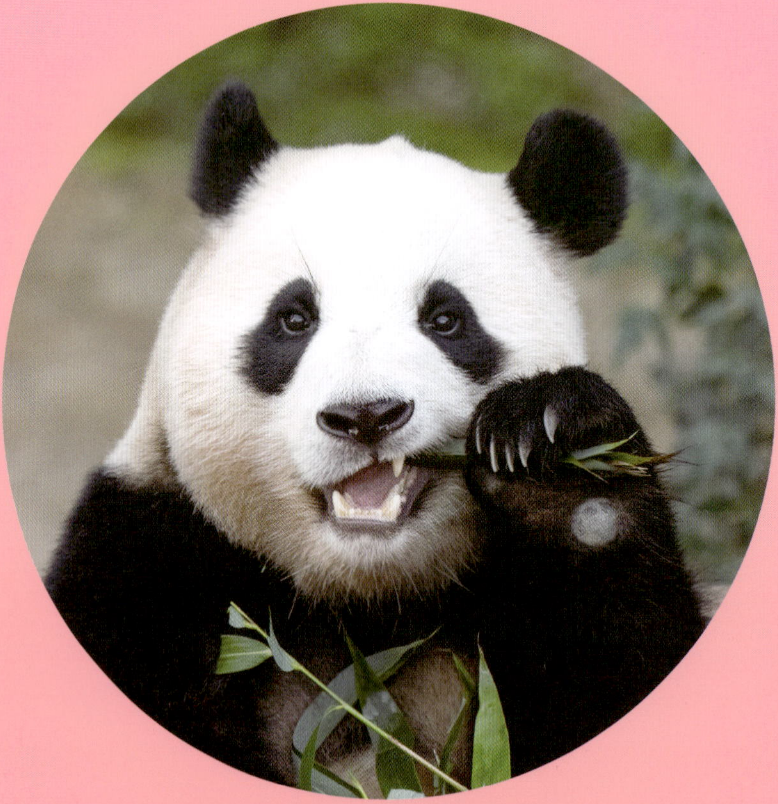

輯四
告訴我，你今天有多愛我

想聽的話 1

告訴我

沒關係，請再靠近我一點。
來，在我耳邊說悄悄話吧。

想對我說的話也好，
平時的煩惱也好，
或是藏在心底的祕密也可以。

沒關係，跟福寶說說看，
福寶全都會聽你說。

不過，如果是想對我說的話，
希望那是飽含真心，不只是甜言蜜語；

如果是平時的煩惱，
希望可以不假修飾地說出來；

如果是藏在心底的祕密……
噓！對不起，我聽不見！

想聽的話 2

告訴我

告訴我，你今天有多愛我。我知道，你會用我們所知道的最大數字來表達你對我的愛。我也知道，那個數字會慢慢地、漸漸地不斷變大。對我們來說，數字的大小並不重要，但至少今天，請毫無保留地告訴我吧。告訴我，讓我知道你今天有多愛我，這樣的話，今天對我們來說，就會成為世界上最幸福、最特別的一天。

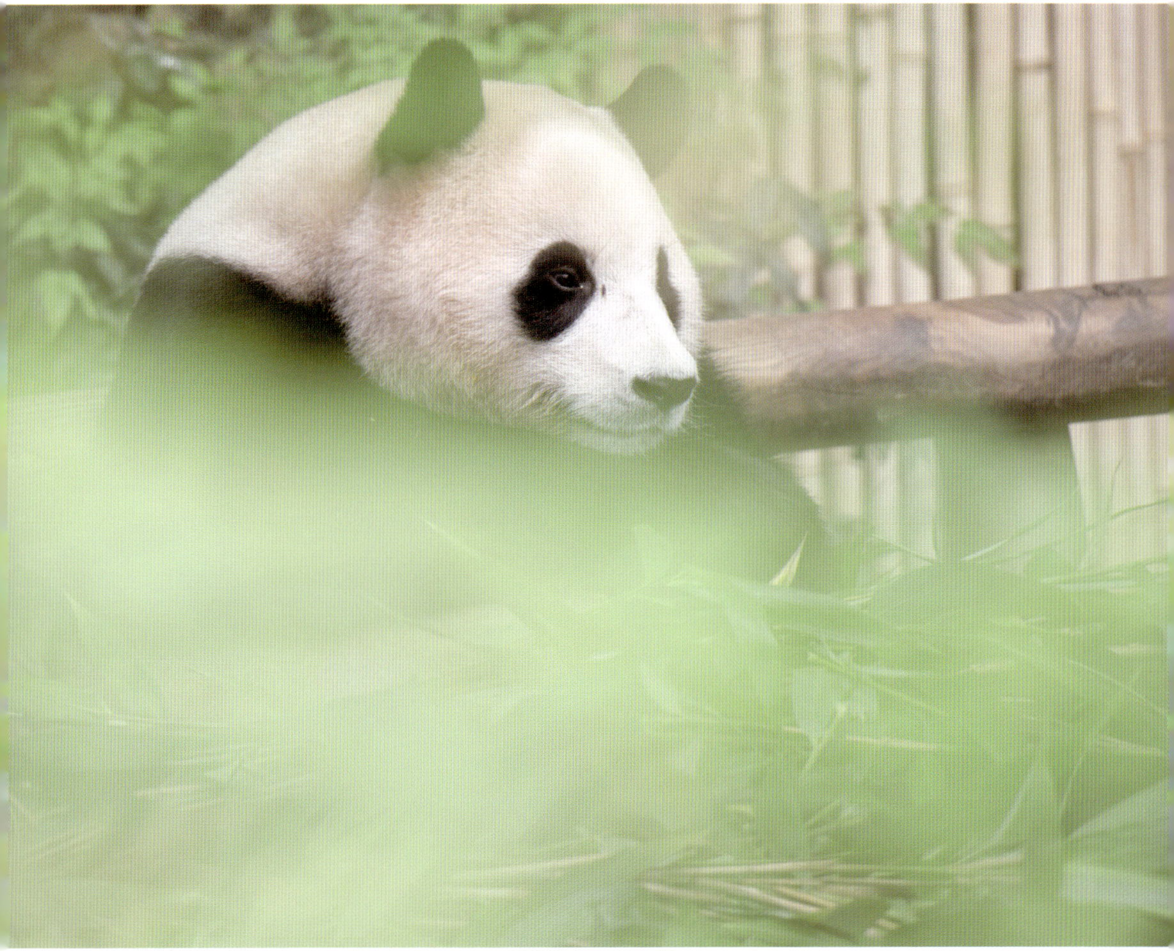

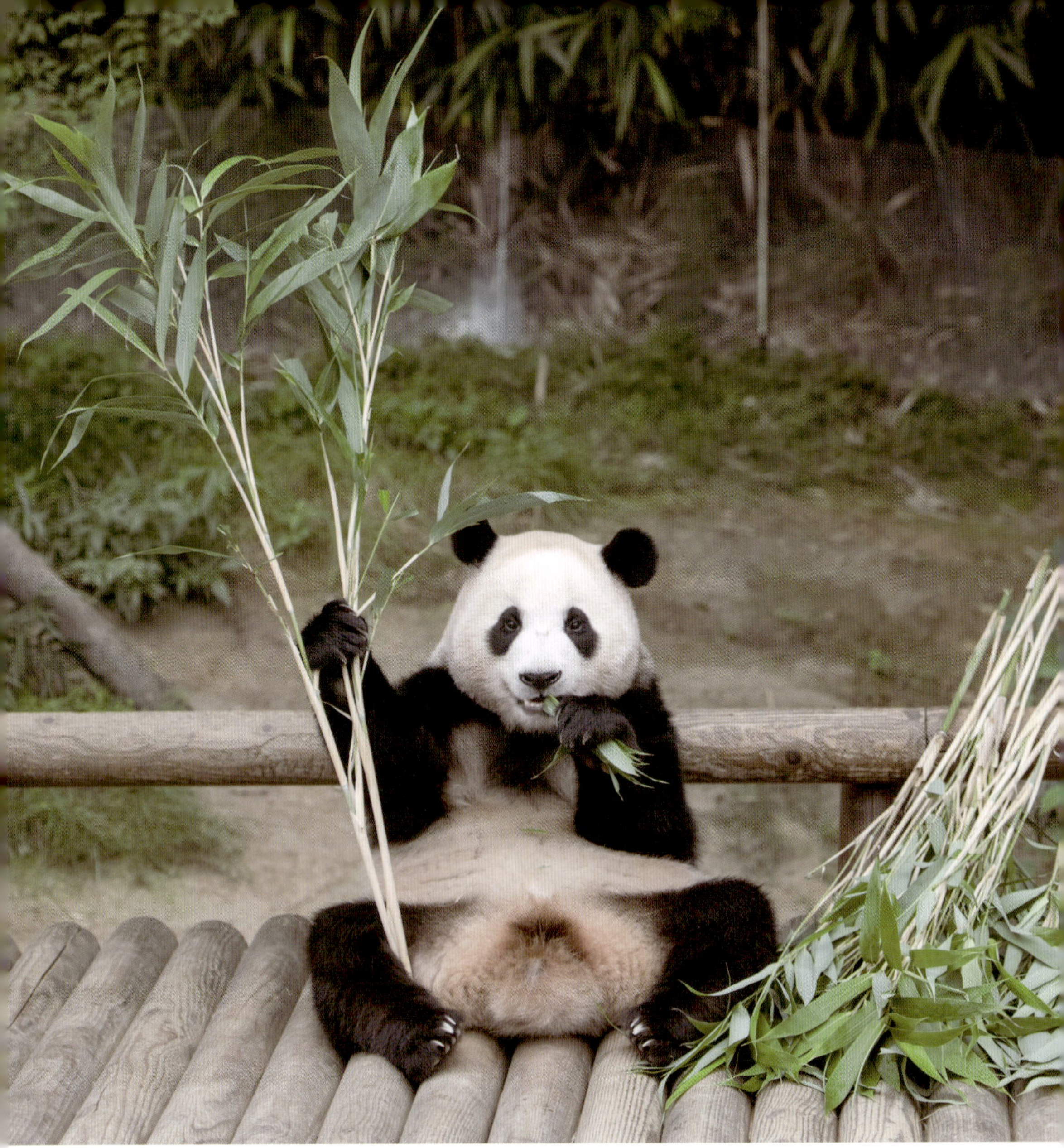

只屬於我的笛子演奏會

嘎吱嘎吱嗶嗶嗶嗶～

堆滿厚厚的竹葉，搭起只屬於我的舞臺，一邊煩惱今天要演奏什麼歌曲。我靠著欄杆，左手挑選一疊滿載幸福氣息且大小適當的竹葉，右手拿著竹子，畢竟帥氣的舞臺布置是不可或缺的呢。演奏開始前，我會輕輕踏腳數拍子。我聽見大家的驚呼聲了，也看見你們帶著興奮又期待的目光注視著我。就是現在！用嘴唇輕輕咬住竹葉，然後呼一聲吹氣，右手揮舞竹子，華麗的舞臺就此完成。呼呼，不需收費，只要看到你們幸福的表情我就很滿足了，眨眼！

嘎吱嘎吱（嗶嗶嗶嗶）～

（嗶嗶嗶嗶）嘎吱嘎吱～

幸福是圓嘟嘟的

不是一般的長椅,是我專屬的貓熊椅

今天也是圓嘟嘟的一天。我專屬的竹子陽傘,替我擋住炙熱的太陽,還有為我量身打造的精品感長椅,剛好包覆著我的身體。聽說這些是在村裡以好吃出名的竹稈,得趕緊嗑光一大把才行。啊!原來你在那裡看我,和我對到眼了,沒關係,沒事的,今天我就不點馬爾地夫調酒了,因為一切都太完美,不能再更完美了。雖然昨天和今天都過得差不多,但我總是把每一刻都當作第一次,懷著珍惜與新鮮的心情去迎接,有時候甚至還會覺得有點陌生又小心翼翼呢。因為只有這樣,身體才能一點一滴累積全新的幸福,變得圓嘟嘟,這絕對不是因為吃太多,絕對不是哦。你也要永遠像第一次見到我那樣看我,帶著全新的心情。如此一來,我們的每一天都會一直幸福又完美。今天,我的幸福也是非常、非常圓嘟嘟的哦。

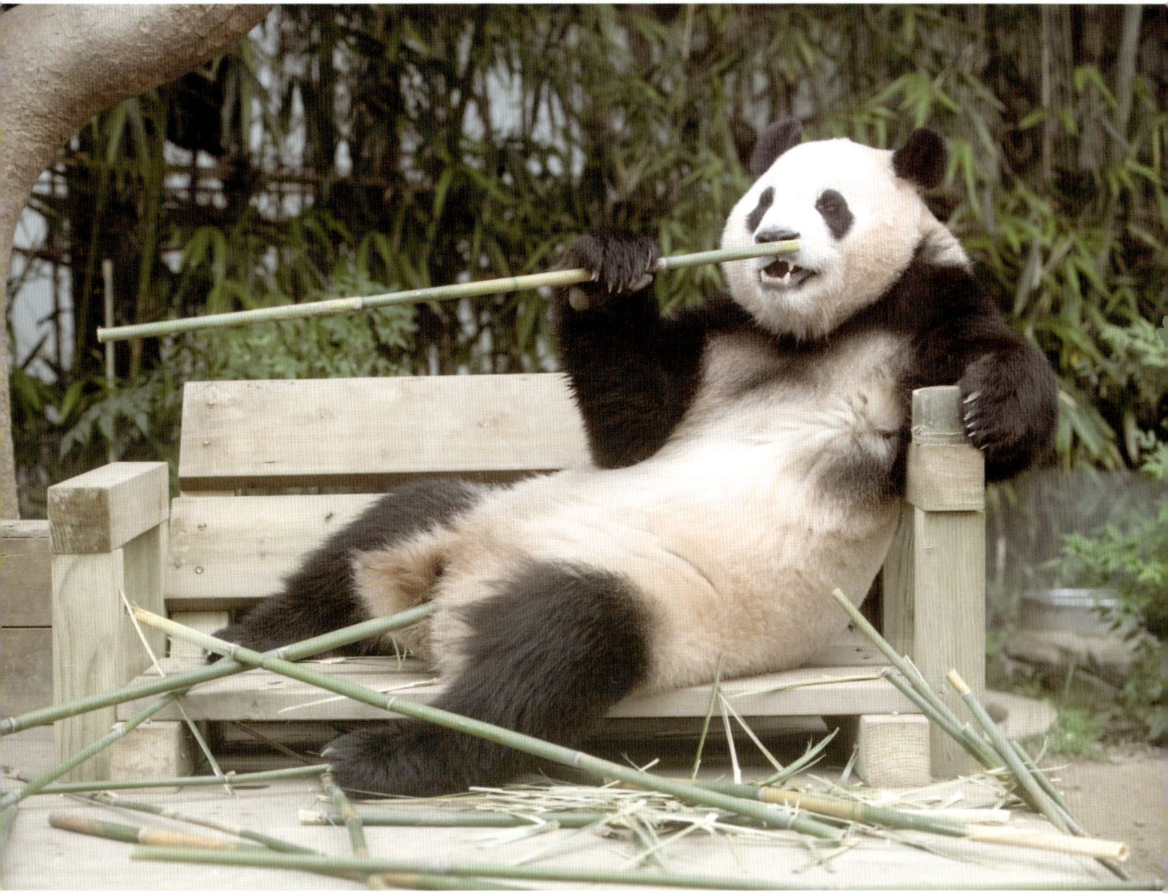

夏天的竹杯

用我的圓滾滾來融化冰杯

宋寶為了讓我涼爽度過夏天，把水裝進竹杯裡，冰得硬邦邦地拿來給我。不過，感覺好像不是要給我喝的，因為實在太冰了，根本沒辦法拿太久，連拿著的手都覺得快要凍僵了。而且還要很小心，因為一不注意，舌頭可能就會黏在冰得硬邦邦的竹杯上！要是那樣的話，宋寶一定又會在旁邊說「哇哈哈～出糗了吧～」來取笑我，哼，這次我才不會上當呢。我要用我厚厚的脂肪和暖暖的毛衣揉一揉冰杯，讓它慢慢融化。託宋寶的福，今年夏天我全身都很涼快！

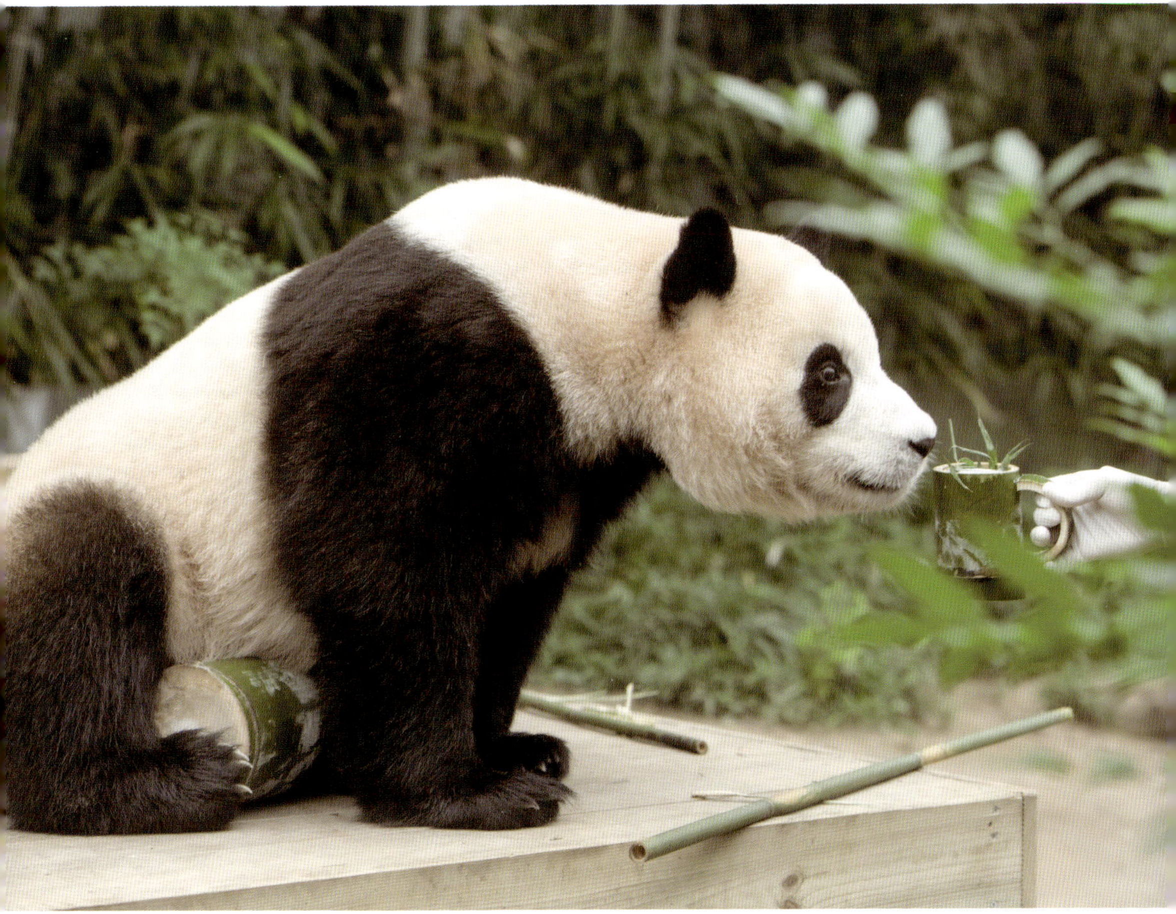

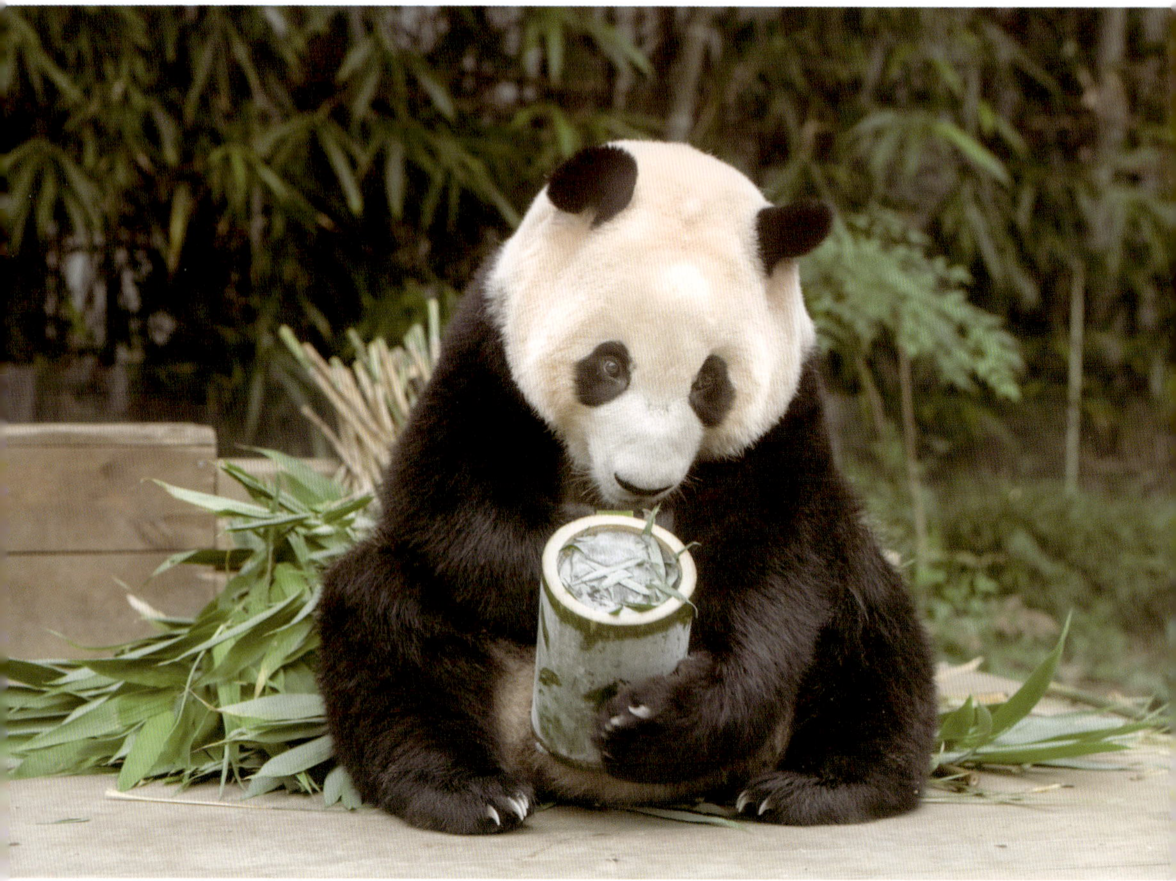

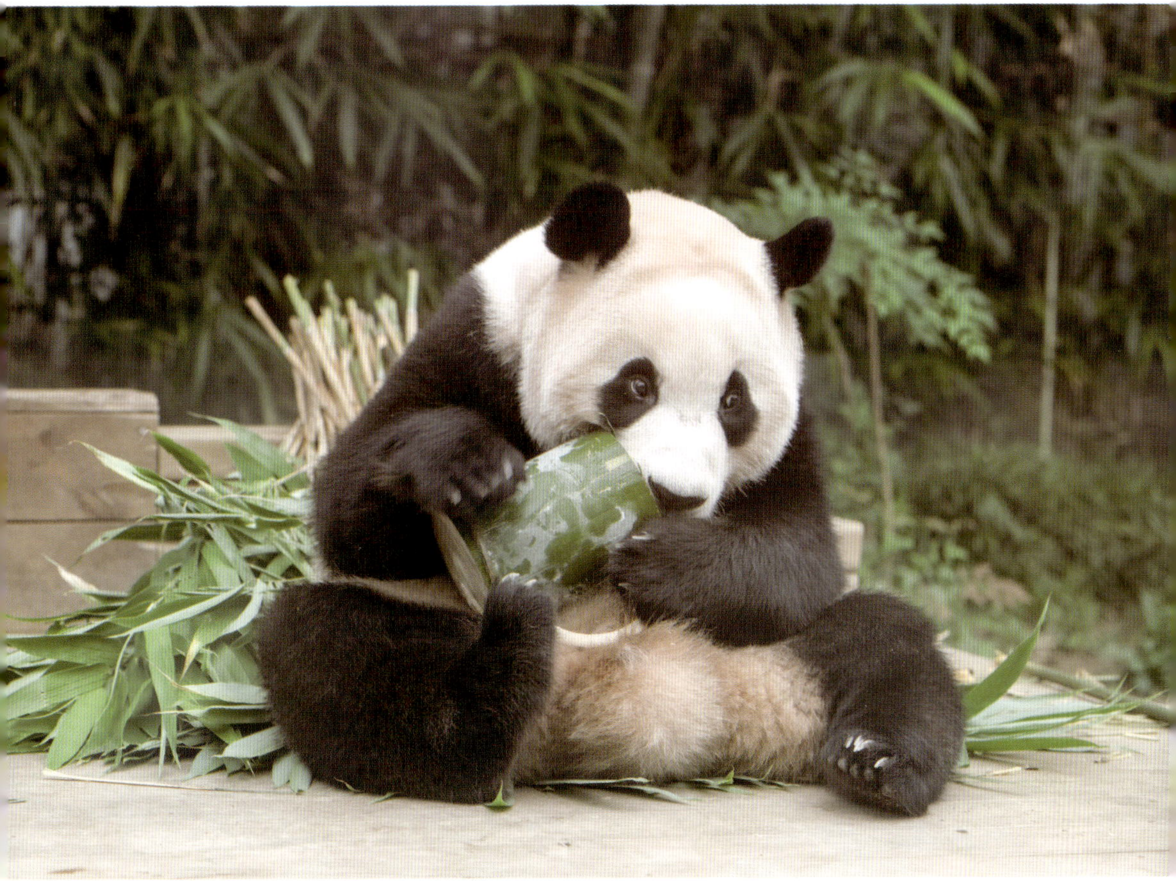

幸福在我身邊

要全力以赴才行！

大家，幸福一直都在觸手可及的地方，但不代表不用全力以赴。想要找到在身邊的幸福，必須鼓起勇氣，向前跨出一步，然後用盡全力伸手去抓，這樣才能夠得到屬於自己的幸福。

用力～哈！

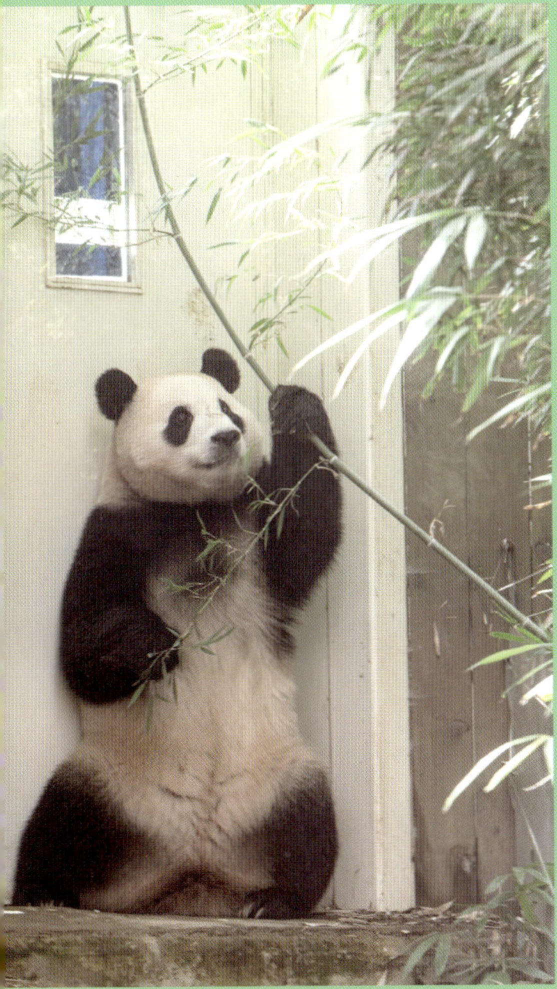
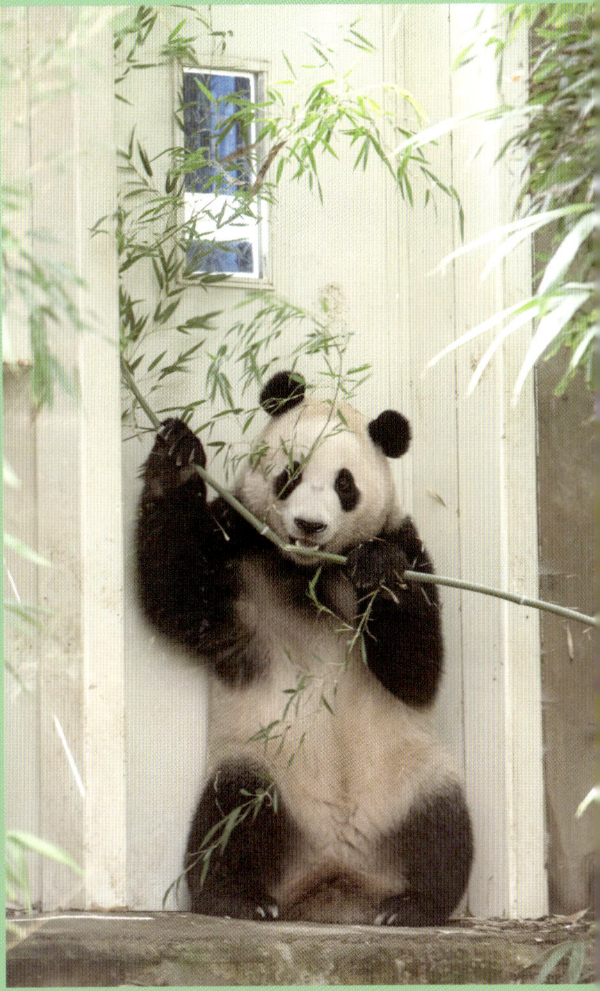

胖嘟嘟牙刷的333法則

太好吃了，能怎麼辦呢！

宋寶擔心我黑黑的門牙，特別為我做了專用牙刷。手柄用結實的孟宗竹竹稈製成，刷毛則採用八月新鮮的竹葉嫩芽。難怪刷牙的時候，嘴裡總是充滿濃濃的竹子香氣，不小心就咬了一口牙刷，嘗嘗它的味道，不論竹稈還是嫩芽都好好吃！我一天三次，飯後三分鐘內，用三分鐘的時間，把我的胖嘟嘟牙刷……吃掉。因為它太好吃了，能怎麼辦呢，嘿嘿！

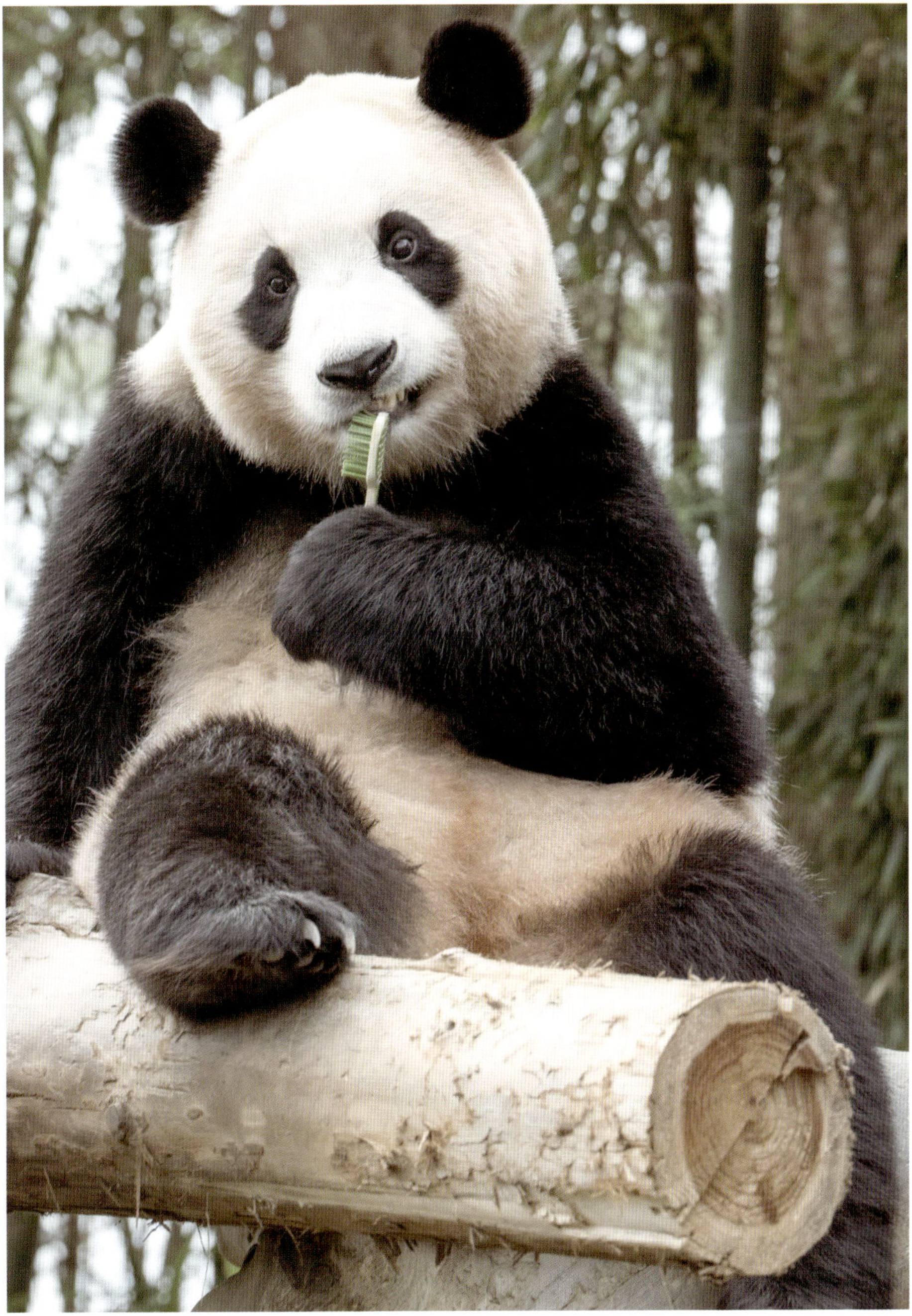

宋寶來接我了

> 但我還不想回去呢?

什麼?已經到了要回家的時間了嗎?明明覺得才剛出來沒多久……時間怎麼過得這麼快?好捨不得。嗨,那個誰可以給我一小塊紅蘿蔔嗎?反正都要回家了,吃一小塊紅蘿蔔也沒關係……吧?那個,宋寶!請給我一根竹筍,都要走了,吃一根竹筍還可以吧?一根竹稈也好～～好啦,我不鬧了,嘎吱嘎吱。好吧,真是個適合回家的好天氣呢。不過,可以稍微再等我一下嗎?一下就好,我想再吃一點。對了!我們不是說好讓我自己回家嗎?為什麼又突然跑來接我了?咦,為什麼?為什麼要一直推著不想走的我啊?

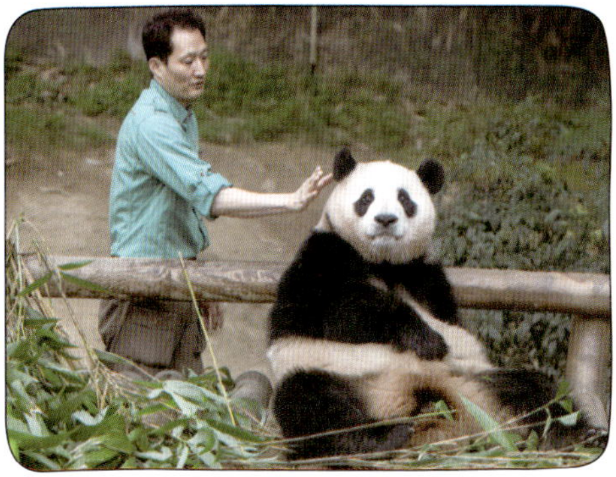
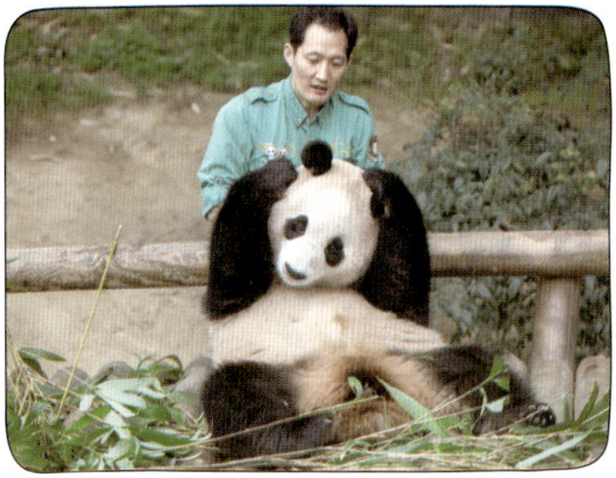
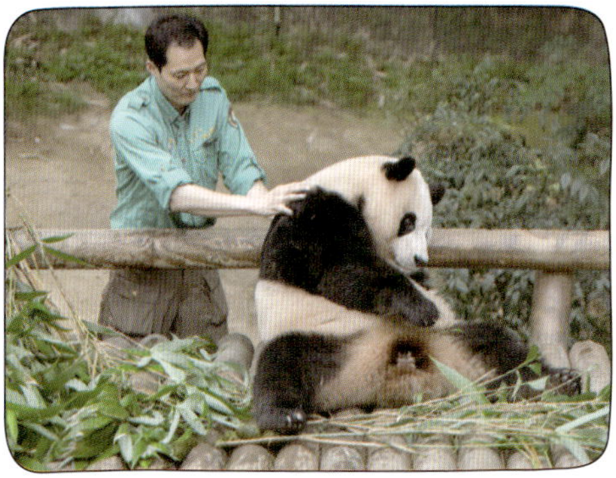
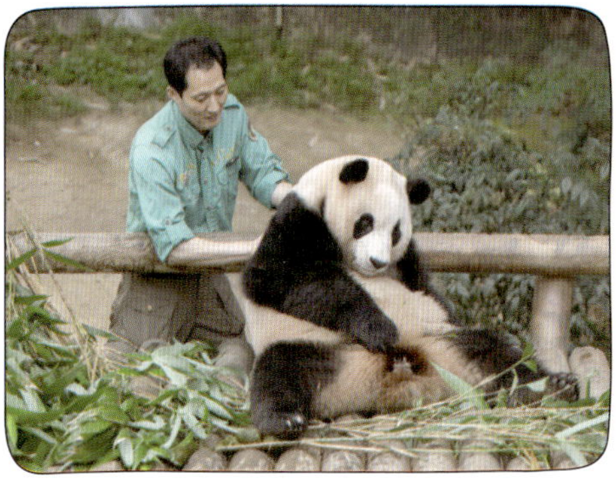
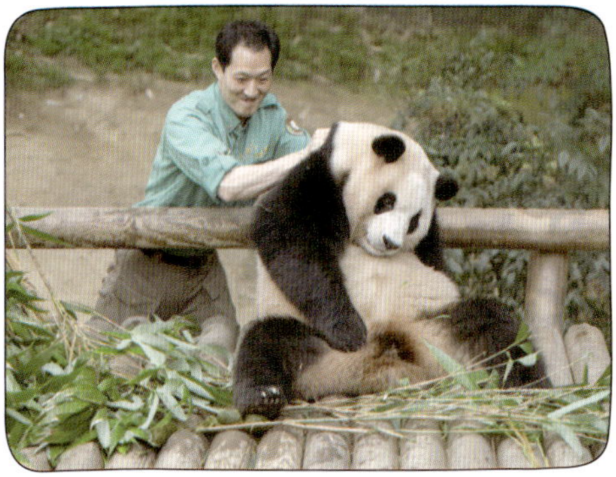

浪漫的小圓仔

春天來了,要唱首歌嗎?

坐在春風輕輕吹拂的草地上,抱著吉他,
不自覺地就哼起了歌來。要不要聽我唱一首呢?

五月是翠綠的啊啊啊啊啊啊呀啊啊啊啊呀啊呀啊啊～

小圓仔正在長大～

嗚哦嗚哦嗚哦嗚哦啊啊啊啊嗚哦嗚哦啊啊啊～

每一天都充滿喜悅

因為擁有愛與幸福相伴

遠方的那份愛,
看起來像幸福。

那份幸福,
看起來像愛也像喜悅。

於是,連喜悅
看起也來像愛與幸福的模樣。

我擁有愛與幸福相伴,
每一天都充滿喜悅!

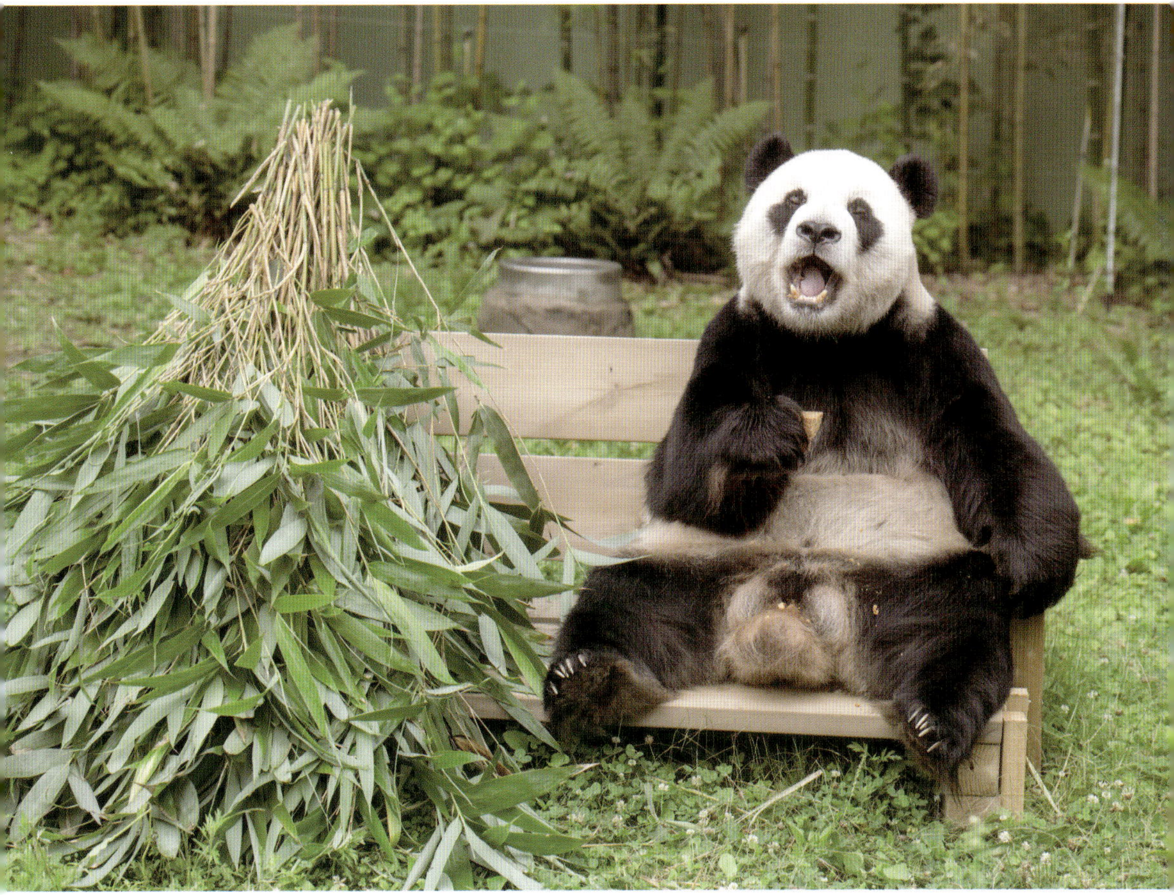

雙層床 5

用圓嘟嘟的幸福填滿上舖

最近我在上舖也過得很好，現在覺得這裡很舒適。隨著成長，我也慢慢尋找適合自己的位置。小時候曾經覺得下舖很寬闊，彷彿沒有盡頭。當時還想著，要填滿那個空間的話，恐怕得花上好長一段時間。但現在這裡填滿了我圓嘟嘟的幸福，空間已經變得有點不夠了。不過我偶爾還是會回到下舖看看，就像翻開珍貴的相簿一樣。我的身體長大了，心也更勇敢，所以接下來，我想用名為福寶的幸福，填滿眼前這片更寬闊的世界，敬請期待！

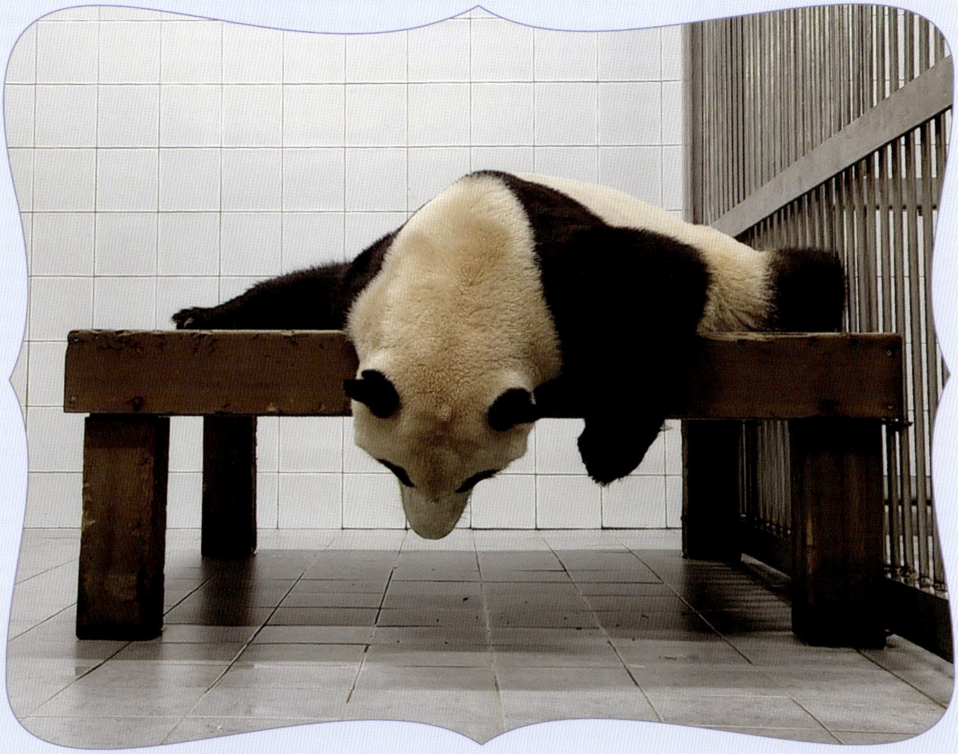

幸福的疑問

與福寶度過的每一刻,就是幸福

有人問我,

福寶帶來的幸福是什麼?

我回答,

「福寶的存在,就是幸福。」

無論是與福寶一起度過的每一刻,

還是未來與福寶一同走過的每一刻,

請記得,我們的幸福就藏在其中。

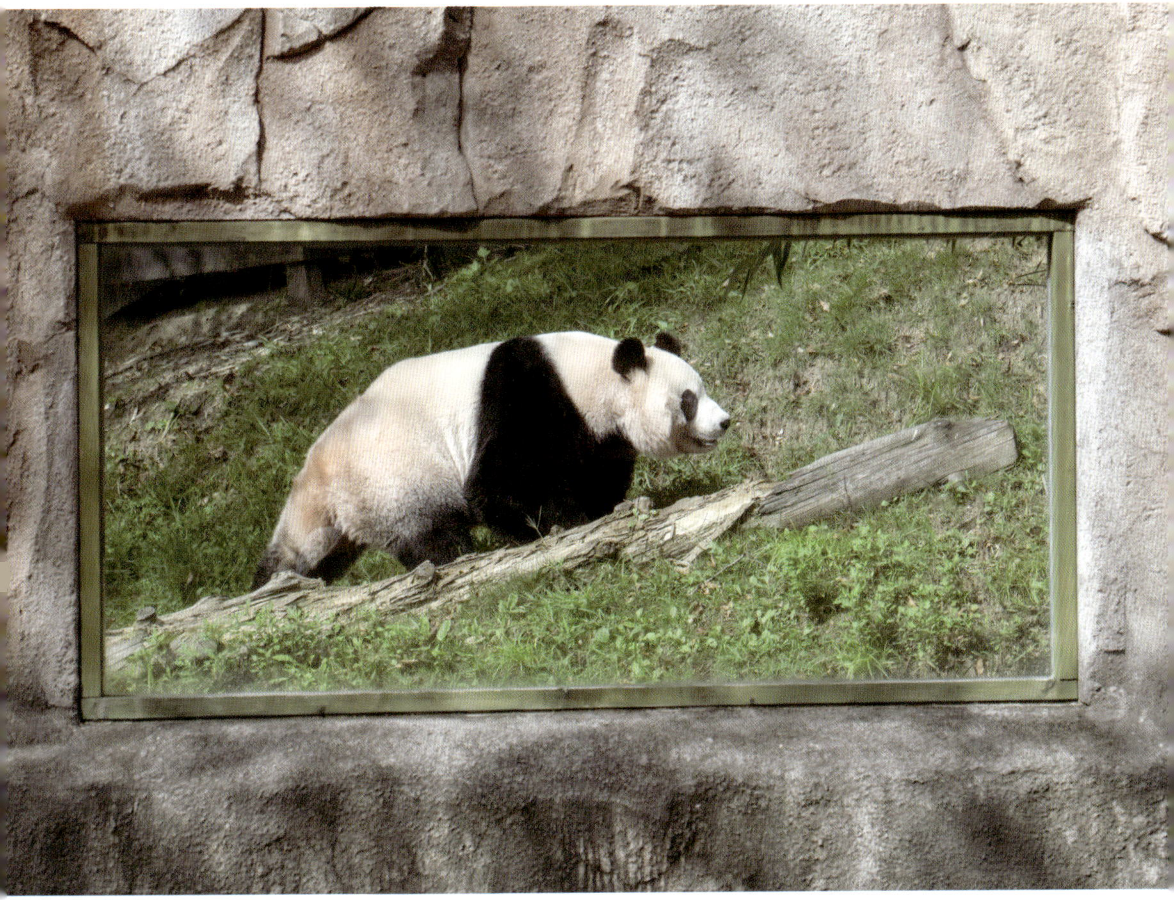

功夫貓熊福寶

為了貓熊世界的和平出動！

我是守護貓熊世界的正義勇士——福Fu！我背負的任務是幫助有困難的人，並且保護村莊的三大寶物：喜悅、愛與幸福，不讓壞蛋奪走。噓！我們家族從以前到現在，都靠著吃穀物做成的營養麵包來培養特殊的超能力，我們可以變身成功夫貓熊，在天空中飛翔和瞬間移動。營養麵包對我們來說非常重要，絕對不能缺貨，所以我們總是等它們烤好之後，藏在祕密的地方冷藏保存，等到關鍵時刻，就咬一口營養麵包，補充力量去對付壞蛋。

只有我知道營養麵包特殊的製作方法，是爸爸傳授給我的。小時候，我爸爸也是一位厲害的勇士，那時候村莊要守護的寶物有兩樣：喜悅和愛。只要一提到爸爸的名字，壞蛋們都會嚇得瑟瑟發抖。啊，你問我營養麵包怎麼做？嗯，下次再告訴你。不過據說，如果吃了沒有依照祕方製作的營養麵包，身體就會變得圓嘟嘟、失去力氣，還會陷入沉睡，從此再也無法使用超能力。我爸爸就是因為太愛吃營養麵包，落入壞蛋設下的圈套，吃到了假麵包，結果變得圓嘟嘟，還失去了超能力。因為那次的痛苦經驗，現在他只要吃了營養麵包，就會失去力氣，所以他總是小心翼翼。每當看到爸爸這樣，我都會非常心疼。

但是你知道嗎！那兩個讓爸爸掉入陷阱的壞蛋——咕咕寶和啾寶，最近又出現了。他們偷吃營養麵包獲得了力量，開始做壞事，還覬覦我們村莊的寶物。他們甚至為了壯大自己的勢力，試圖搶走營養麵包的祕方。這樣不行，我不能再坐視不管，現在，輪到我出動了，是時候為爸爸報仇了！為了守護我們村莊的寶物，為了將來也會接棒的雙胞胎妹妹們的平安，我要咬一口營養麵包，出發去教訓那些壞蛋！

哈兮！我是正義的勇士，功夫貓熊福寶！

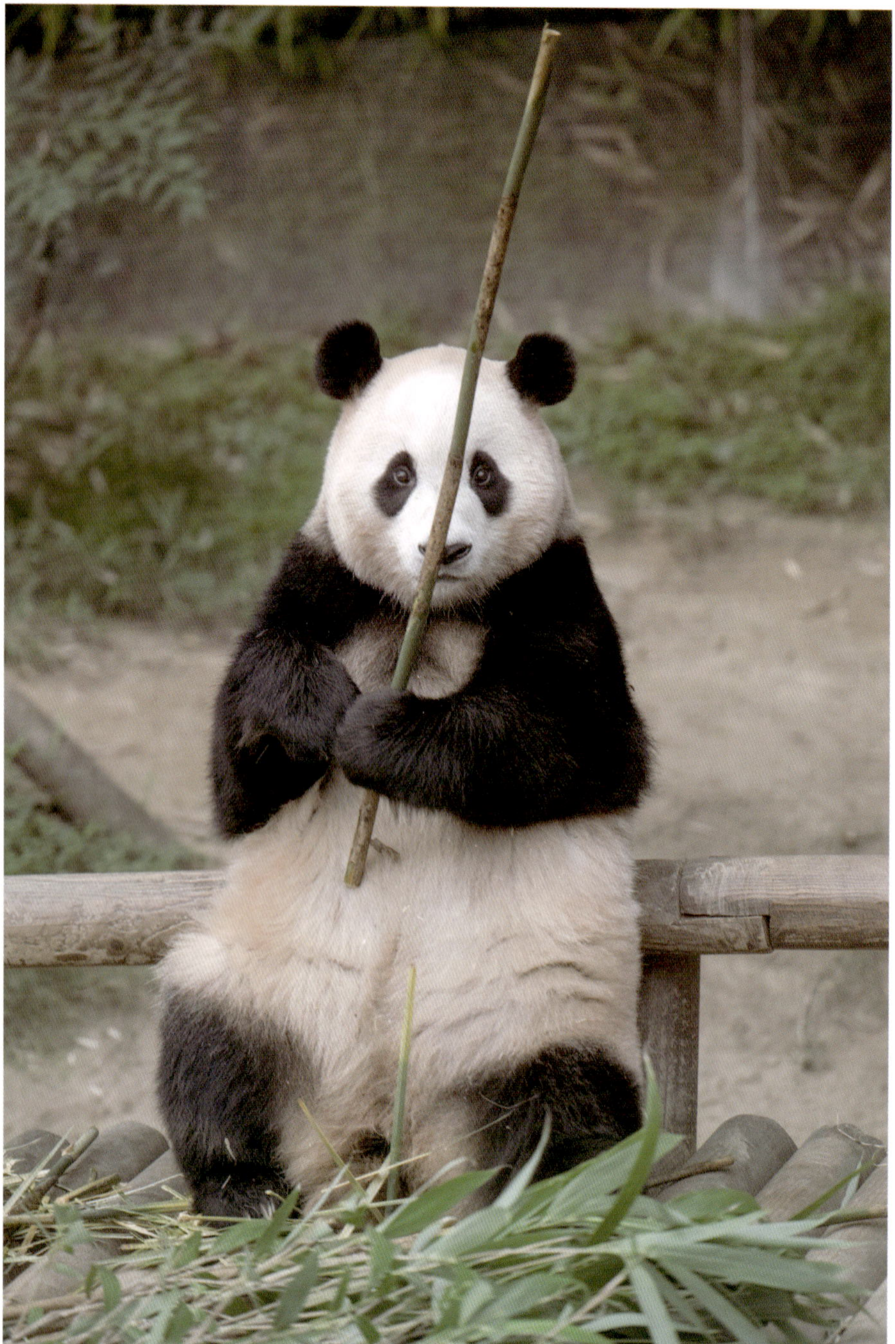

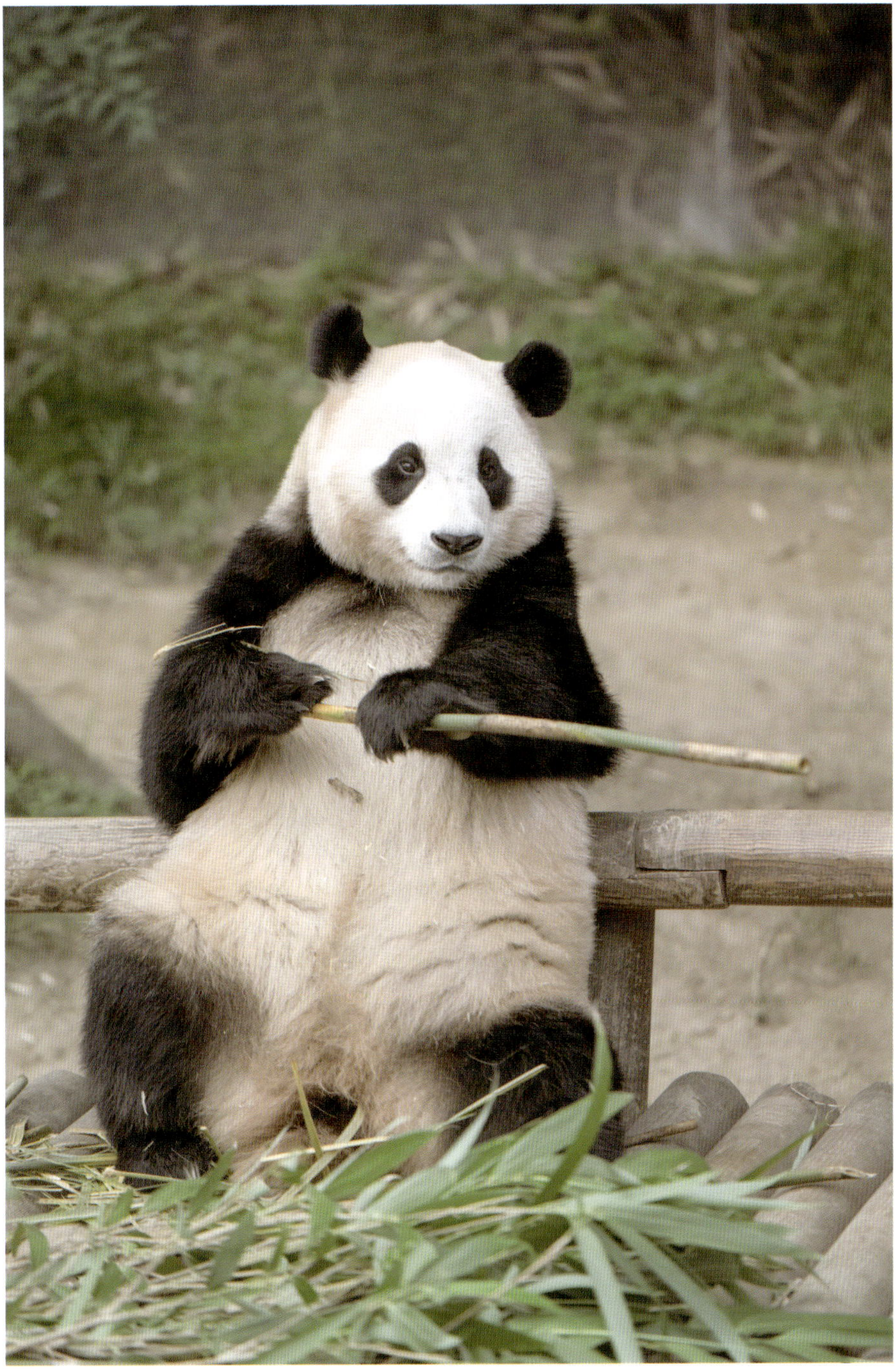

貓熊世界的福公主

> 我要遇見屬於我的王子

宋寶遞給我一根掃把，然後對我說，把牧場打掃乾淨，連排放出來的地瓜也要清理乾淨，還說要把破掉的缸裝滿水，需要幫忙的話，可以打電話給蟾蜍。等家事全部做完，就穿上我喜歡的玻璃鞋，到舞會去見王子。他說我害怕南瓜，千萬不要搭南瓜馬車，不過一定要在十二點前回家，還要在趕路的時候，把一隻玻璃鞋留在樓梯上。總覺得整個故事聽起來東拼西湊的，不知道他今天為什麼這樣對我說，不過，我還是那位相信有一天一定會遇見屬於自己的王子，從此過著幸福快樂生活的「福公主」。

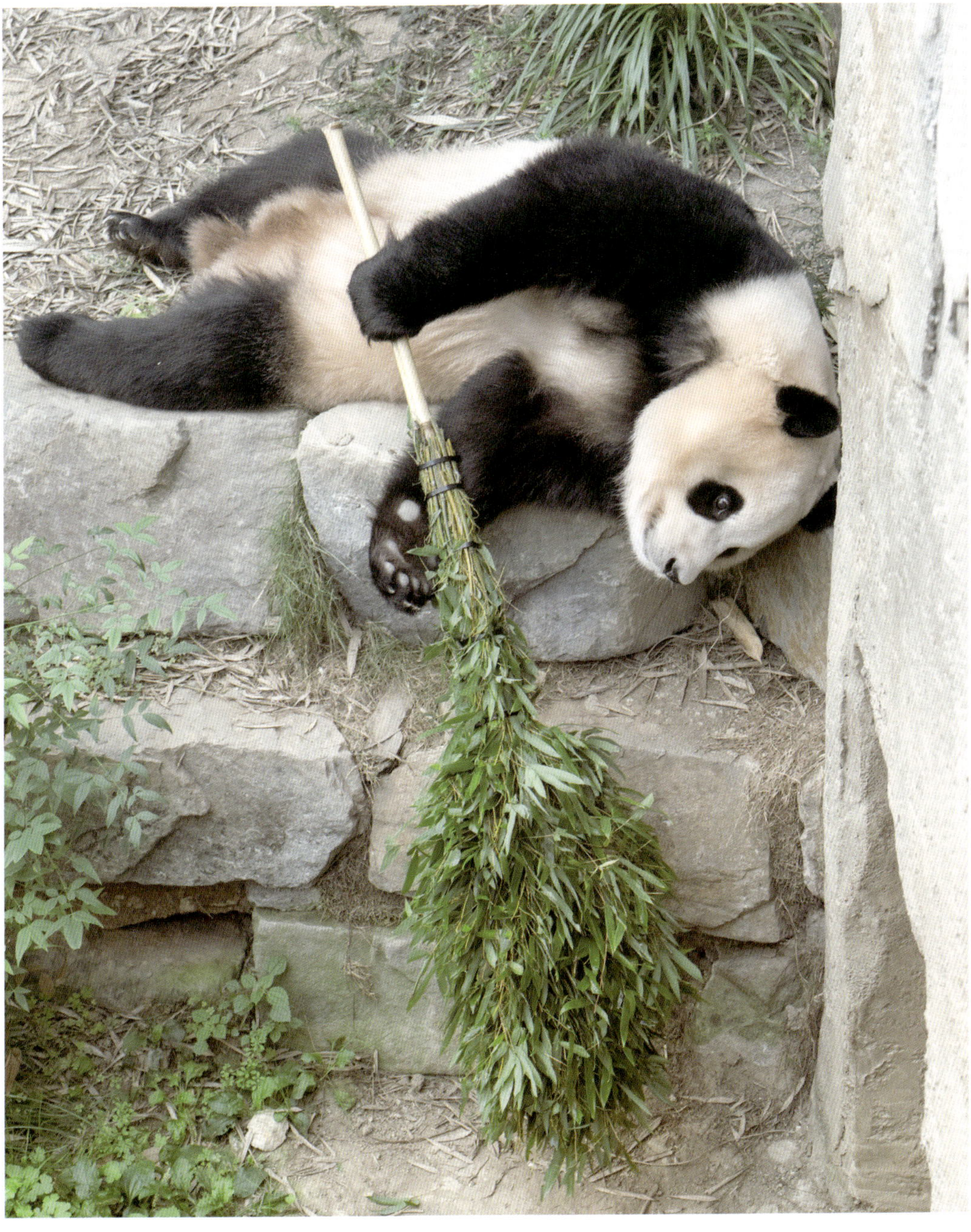

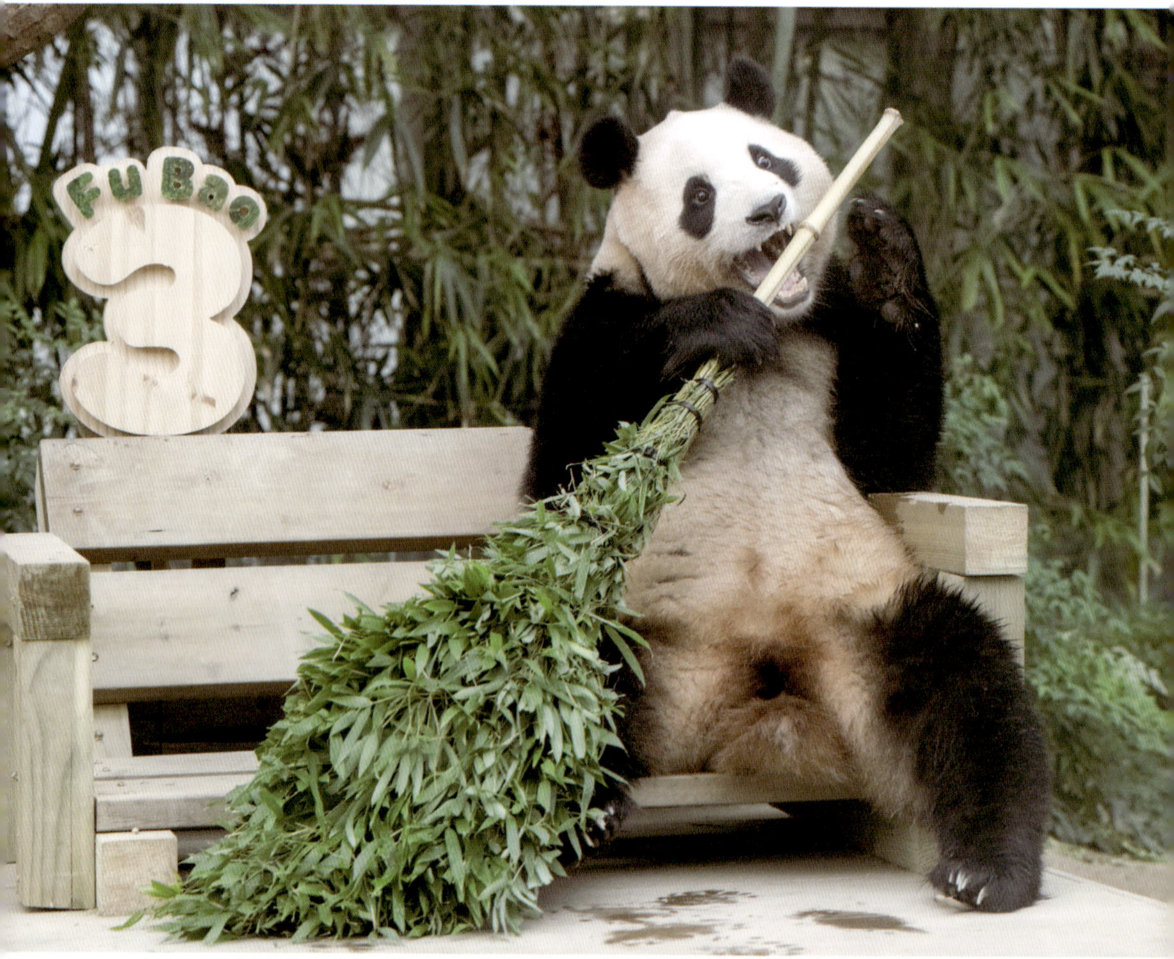
Fu Bao
3

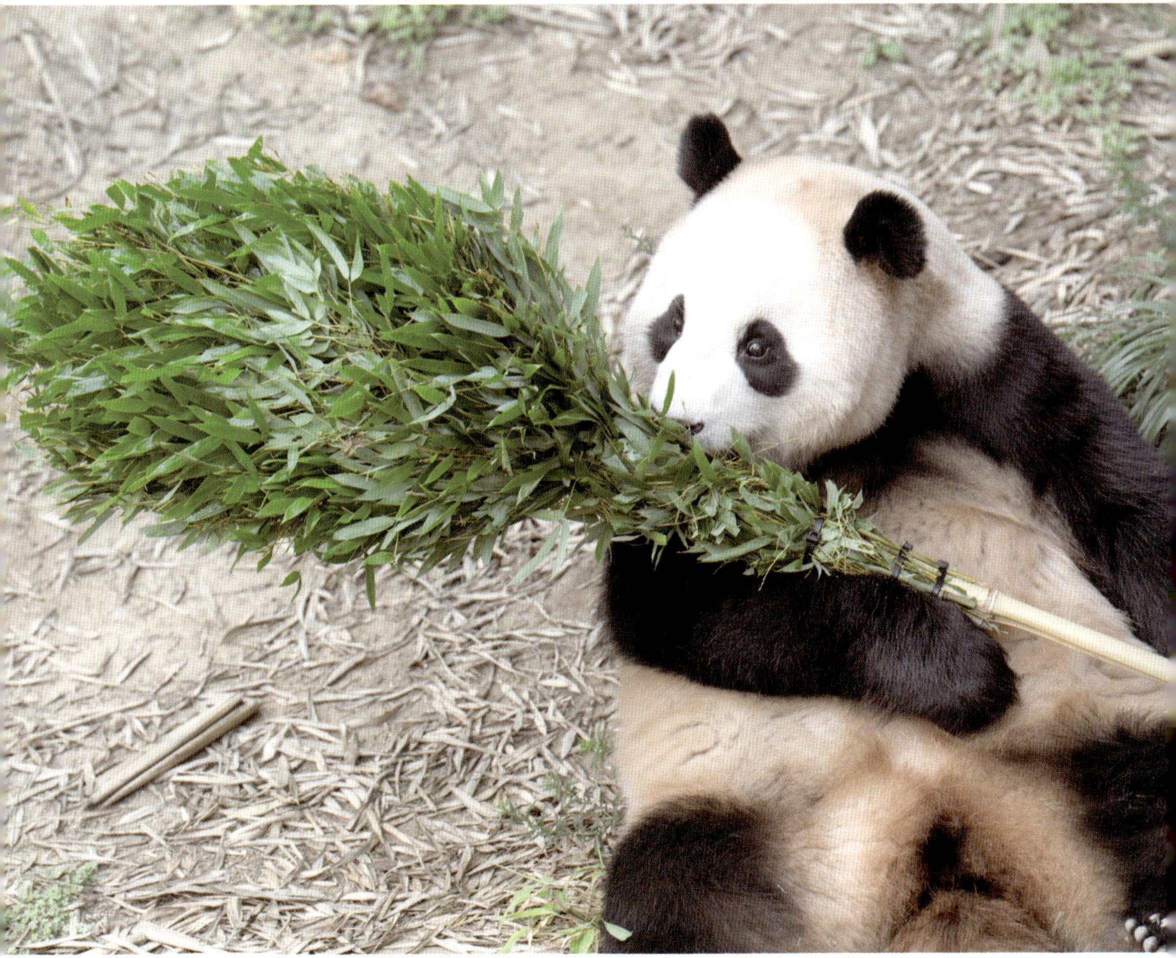

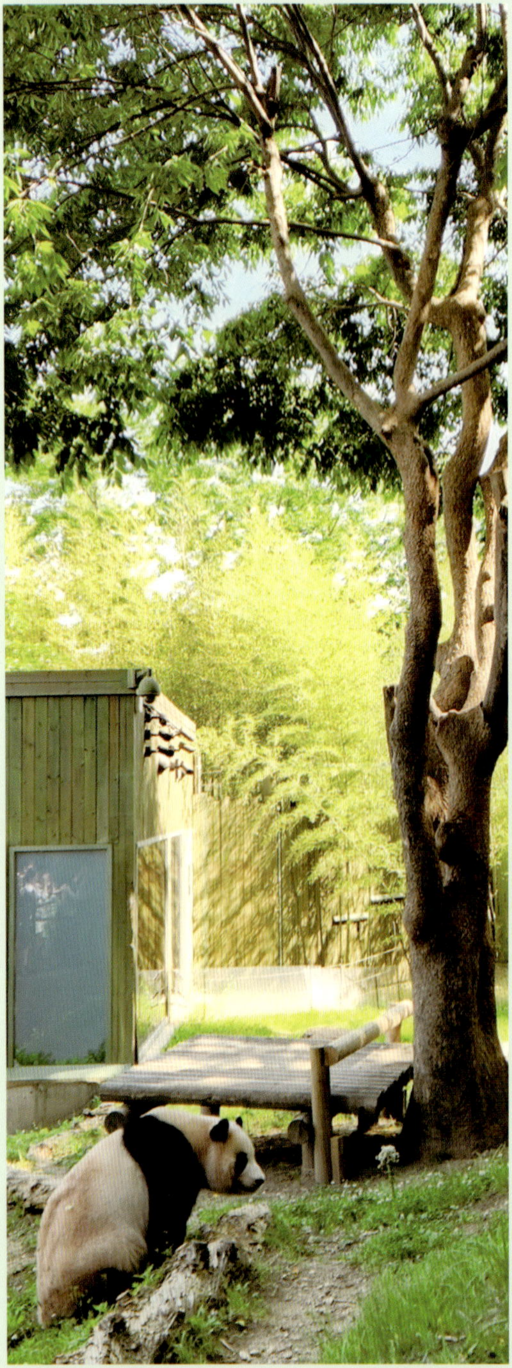

貓熊與宋！

> 你不是孤單一個人

即使一個人的時候，也請記得你不是孤單的。
天空與大地、空氣與風、陽光與陰影、太陽與雲朵、
樹木與草地、花朵與香氣、流水與岩石、小鳥與聲音、
動物與人類，還有……
貓熊與宋！

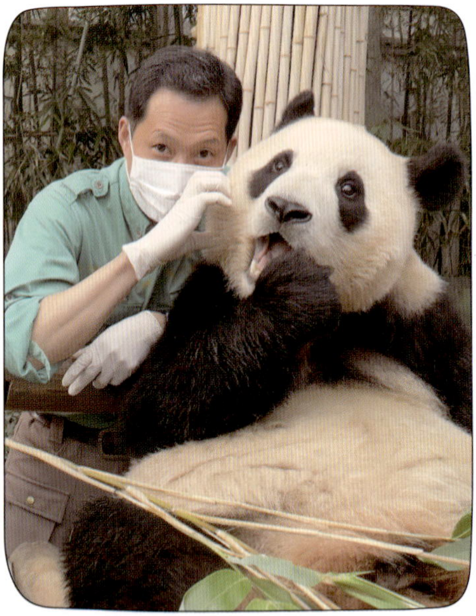
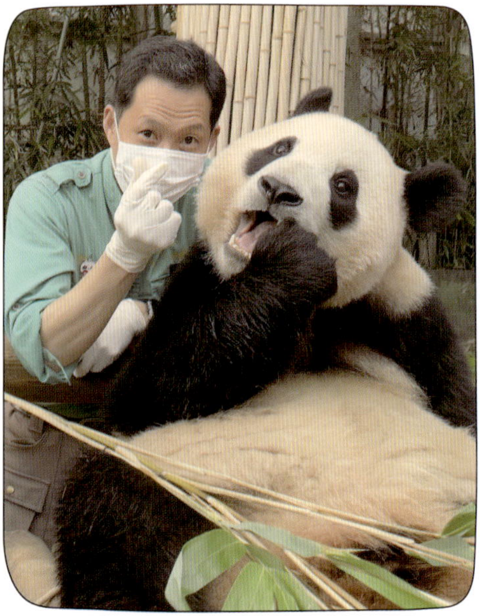

幸福的課題

請別拖延

今天的幸福,今天享受,
明天的幸福,明天享受。

請別拖延,慢慢地、好好地享受幸福,每一天都不錯過。

曾經擁有的幸福,請當作回憶複習,
即將到來的幸福,請滿懷期待預習。

請將幸福的課題好好收藏在心底,
然後複製一份,貼在周圍的人身上。

就這樣,一直幸福下去吧。

我們永遠的小貓熊

我們遇見幸福

熬過最痛苦和艱難的時刻,
我們迎來了深刻的幸福。

在一度遠離喜悅的混亂世界裡,
我們遇見了療癒內心且純粹的幸福。

曾經只能握在掌心般小巧珍貴,
如今已豐盈滿溢,用盡全身都難以承載,
我們遇見了因聰明與智慧而堅定的幸福。

曾經急著想把世界的美麗收進眼底,
瞇著眼匆匆張望,吸收周遭的一切,
如今卻反過來,向世界散發自然的美,
我們遇見了讓人領悟且感激的幸福。

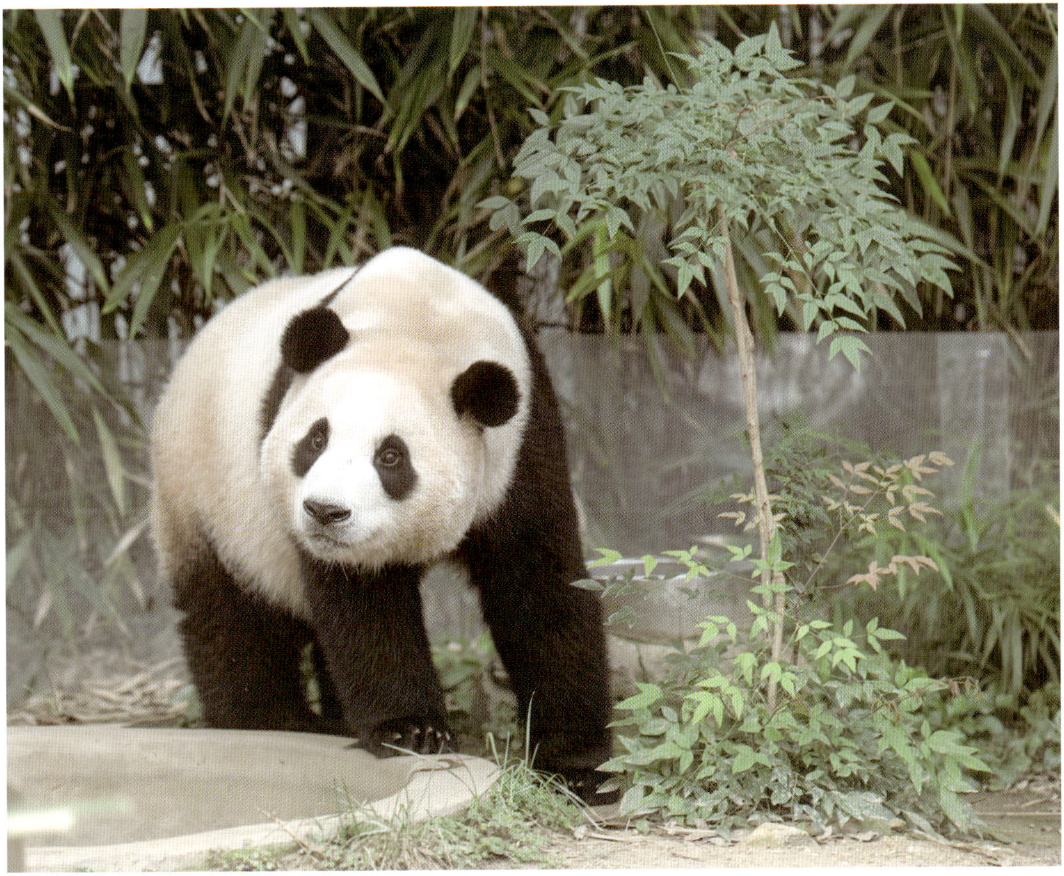

偶爾也會擔心付出過多或不足，
但秉持愛的信念與常理，
我們遇見了準備好與大家分享的充盈幸福。

每天都享受挑戰與冒險，
帶著充沛的勇氣和成功的澎湃，
我們遇見了在世上刻畫善良與正向力量的幸福。

這世上最珍貴且獨一無二的寶藏，
以深厚的牽絆連結成一家人，
我們遇見了永遠將彼此相繫的獨特幸福。

我總是期盼又期盼，
願一切不要太快，緩緩地、一步一步地，
靜靜流淌，宛如輕聲唱誦誠摯的咒語，
無論我們身在何方，都能遇見長久而健康的幸福。

無論歷經幾千幾萬個日子，
我們依然延續這段，
與韓國第一隻貓熊寶寶福寶的幸福相遇。

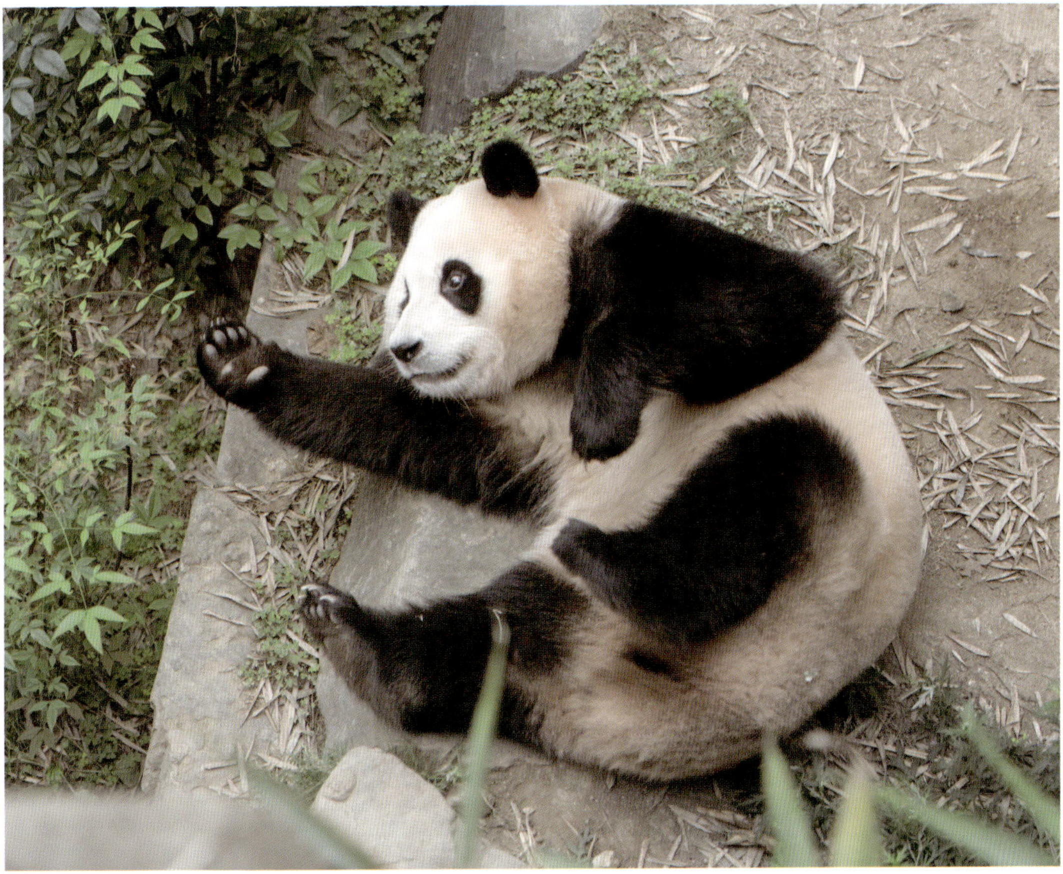

你、我還有我們

我對你，你對我。

你問我說，
愛過你嗎。

我對你說，
我愛過你。

你問我說，
和你在一起幸福嗎。

我對你說，
和你在一起很幸福。

你問我說，
會和你一直在一起嗎。

我對你說，
我們早已在一起。

你問我說，
會不會想念你。

我對你說，
我會變成傻瓜。

只會思念你的傻瓜……

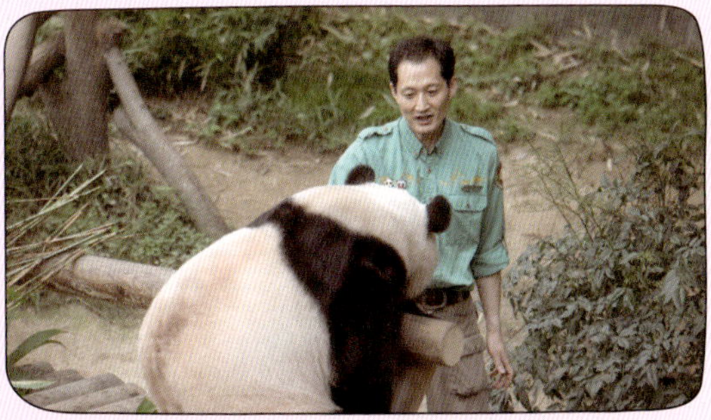

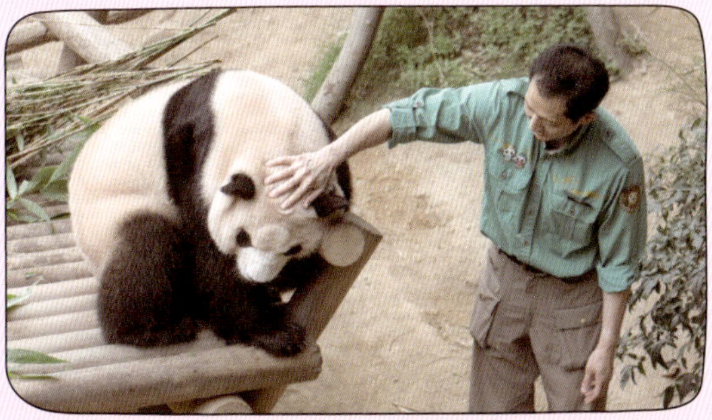

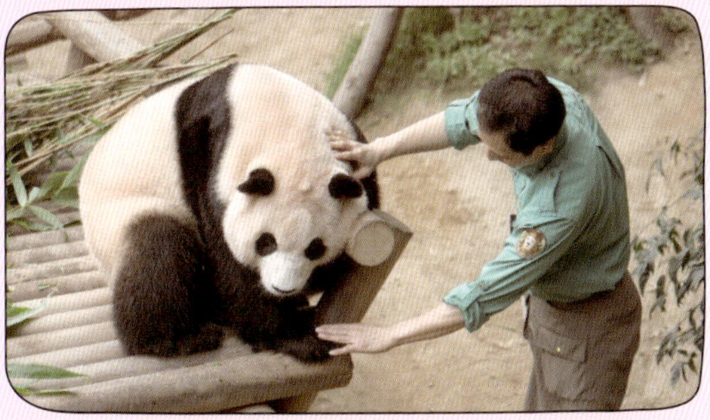

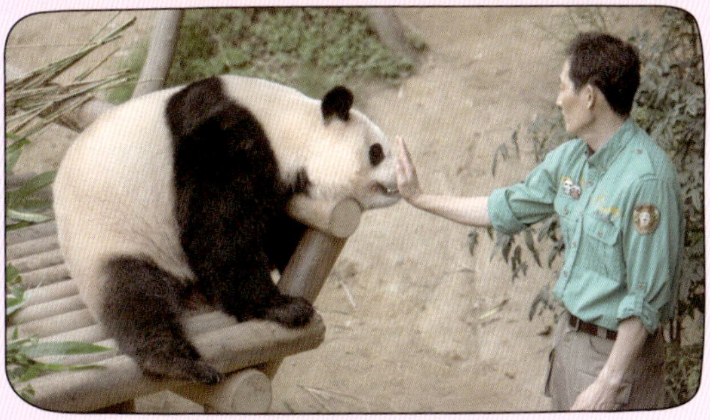

{ Notes }

母親般的心

我最喜歡的瞬間，就是看到成為媽媽的野生動物凝望自己孩子玩耍的模樣。如果她從幼兒時期開始，就在我的關心與愛護下，一路成長為母親的話，那畫面就更令人動容。她與孩子相處的那一刻，空間彷彿昇華成與過去截然不同的境界，母親與孩子以深情的眼神對望，那目光裡，蘊含著許多人類語言難以名狀的情感。尤其是母親的雙眼中，充滿愛與幸福，卻也隱含憂慮與不安，那是對當下幸福的凝視，同時夾帶著對未來的焦慮和緊張。對野生動物來說，成長與繁衍的過程就是「生存」，是一場極為激烈的挑戰，而在一旁看著他們的保育員，心裡也不禁隱隱作痛。

野生動物必須具備自我生存的能力，雖然保育員會根據該物種的特性提供協助，但介入程度必須盡可能降到最低，同時也得保持冷靜。身為保育員，能夠給予幫助固然令人感激，但如果野生動物本身已具備足夠的能力，保育員依然幫他完成所有事情的話，這樣的行為反而可能是出於自己的私心，變成過度的溺愛。正因如此，當野生動物勇敢克服那段艱難又嚴峻的生存與成長過程，終於成為母親，並以充滿母愛的眼神凝望

自己的孩子時,總讓我深受感動。身為動物園的保育員,在這一瞬間,我感受到真摯的喜悅與幸福。

我想分享我女兒蹣跚學步時的故事。她滿嘴沾滿了冰淇淋,站在我面前,我拉起衣袖,輕輕擦去她嘴角的冰淇淋,一陣暖意頓時湧上心頭,因為我想起了小時候的自己,也想起曾以同樣的目光與心情看著我的母親。我開始思考,照顧孩子就像是一臺連結過去、現在與未來的時光機,在野生動物的世界裡也存在這樣的時刻。從愛寶看著福寶的眼神中,我感受到連結記憶與時空的情感,

那是身為一名母親,想起自己童年的心情,也是身為一名孩子,想起自己母親的心情;那是「現在才明白,對不起」的心意,也是「所以我要用無盡的愛,守護珍貴的你到最後」的心意。就這樣,保育員從野生動物身上學會了「母親般的心」。

當我還是新手保育員時並不明白,什麼叫做以「母親般的心」來照顧動物。我曾以為,只要珍惜與我相伴的動物,全心全意愛他們就夠了。畢竟年輕的保育員仍是被愛、被照顧的一方,所以才會這麼想。但隨著時間推移,我也成為了

父母，累積了更多經驗，看過許多野生動物成為母親的過程。現在我漸漸明白那份心情，不，應該説我學會了，學會理解動物的本性，以深刻的眼光看待他們的一生，學會無條件奉獻，決心背負重責大任，還有，學會人與動物，是互相尊重、共同生活的存在。

很多人問我，保育員的工作是什麼？我會這樣回答：「我與那些把我視為宇宙，信任並仰望我的野生動物相連結，彼此撫慰對方的生命。」也有人好奇，身為保育員，哪些時刻最讓我感到開心或覺得有意義？我會説：「無論是美好或艱難的時刻，只要是以母親般的心看待野生動物的每一刻，對保育員來說都是喜悅。」如果有人問我，身為保育員最大的意義是什麼？其實我還不太清楚，也許等到這份工作結束，回望自己生涯的時候，就會明白了吧？因為保育員這份工作，就是與野生動物一同經歷生命，並肩成長。

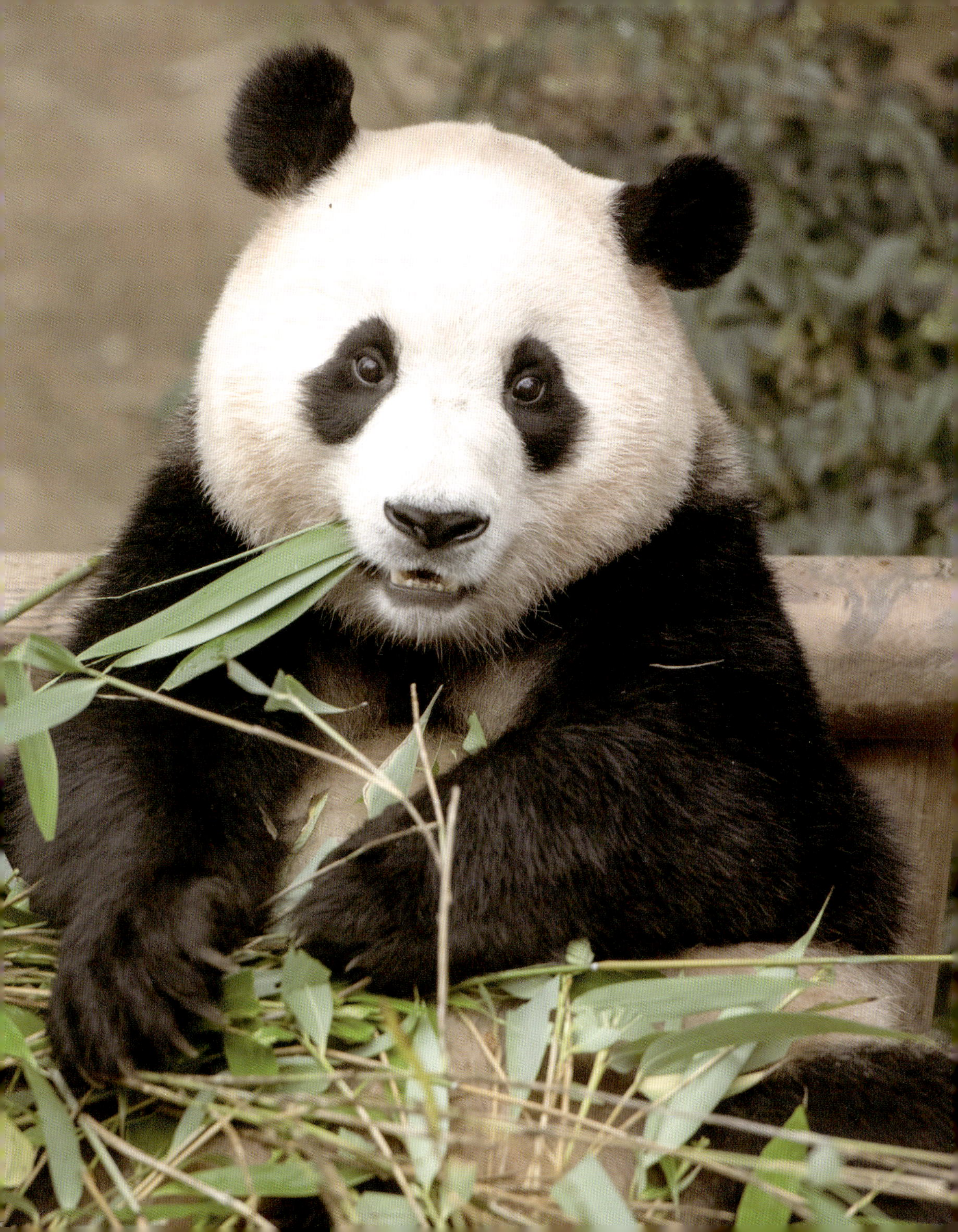

{ epilogue }

我們是
貓熊世界的寶物家族

各位，我要為你們讀一本短短的童話故事書。這是關於我親愛的雙胞胎妹妹，睿寶與輝寶的故事，請仔細聽哦。啊，等一下，我要先戴上眼鏡。因為我的視力不太好，閱讀文字的時候必須戴眼鏡，沒關係吧？嘻嘻。對了，說到這副眼鏡，這可是宋寶特地用竹子幫我做的特製眼鏡，還散發著竹子的香氣呢，真是一副神奇的眼鏡。一戴上它，整個世界都變成綠色的，連心情也明亮了起來。而且，我還能看到許多人在看著我，臉上滿是幸福的表情。明明沒有鏡片，是不是很神奇？說不定是魔法眼鏡呢，嘿嘿。啊！差點忘了，這不是重點啦……！講太久了，你們準備好了嗎？那我開始說故事囉～

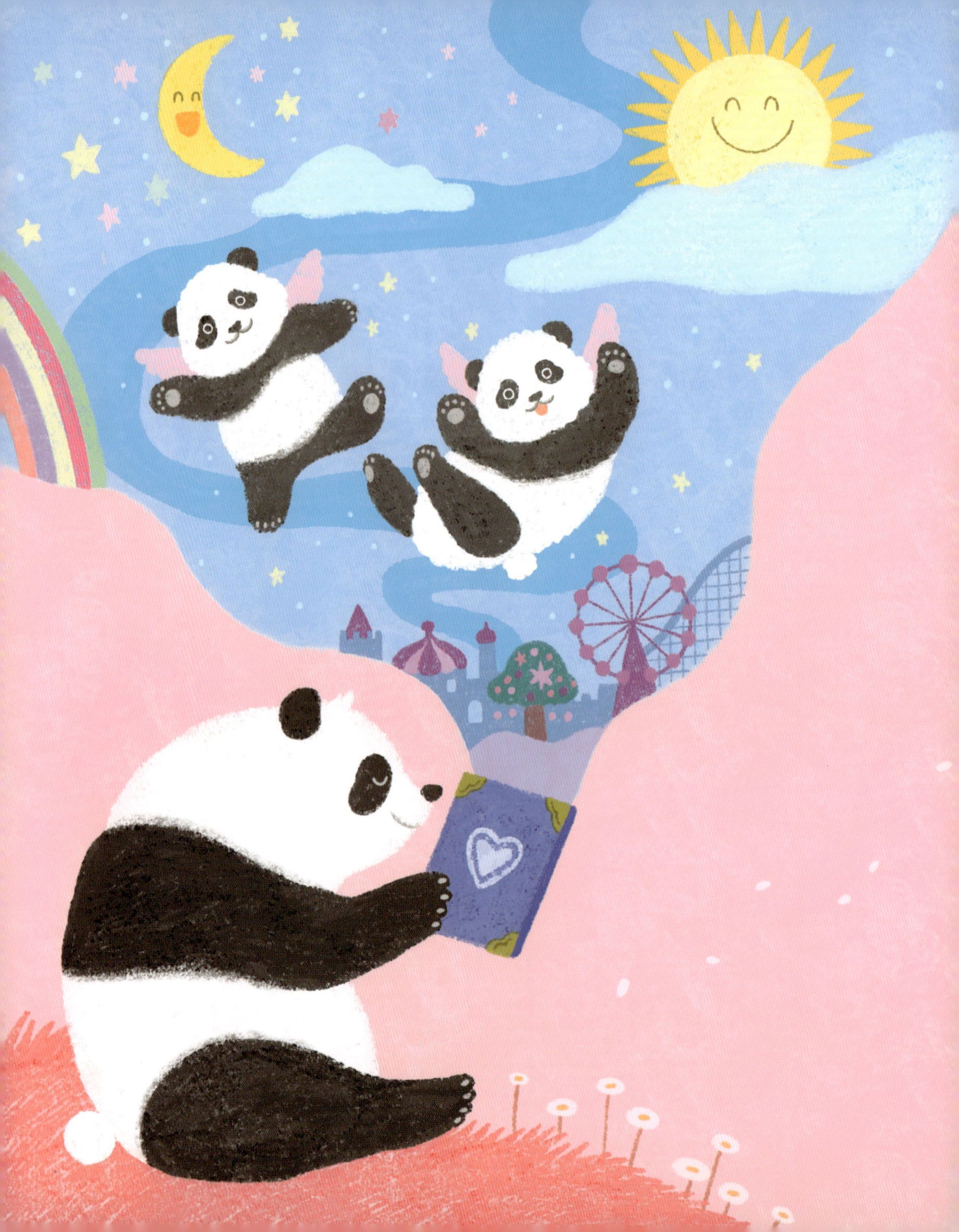

從前從前，在充滿夢想與希望的愛寶樂園天空中，住著兩位可愛的小天使，名叫太陽與月亮。她們每天輪流，將滿載著愛的光亮寶物灑落人間。

有時是太陽照耀出的明亮光芒，
有時是月亮映照出的皎潔光輝。

但是，地上的人們因為忙碌又疲憊，看不見眼前的夢想與希望。小天使們感到非常惋惜。

於是她們苦惱了許久，決定在7月7日，這個幸運數字如命運般重複出現的特別日子，化身為胖嘟嘟又圓滾滾的粉色雙胞胎小貓熊。她們為了用智慧照亮這個世界，親自降臨到我們身邊。遇見這對長得一模一樣，宛如可愛饅頭的雙胞胎小貓熊，世上的人們大聲歡呼、欣喜若狂，祈禱這一切不是幻覺。

人們懇切地祈禱著。

願這對猶如晶瑩剔透的玉珠般，明亮耀眼的雙胞胎姐妹，永遠健康並在智慧中茁壯，成為陪伴我們的珍貴禮物。願這對閃耀的寶物所訴說的芬芳故事，療癒我們疲憊的日常，為生活帶來幸福。願她們終將回到那屬於自己的地方，再次成為永遠照亮天空的太陽與月亮。

怎麼樣，覺得這個故事有趣嗎？

你知道嗎，
福寶也深深地祈願著，

願你們和寶家族一起度過的每一天都充滿幸福！

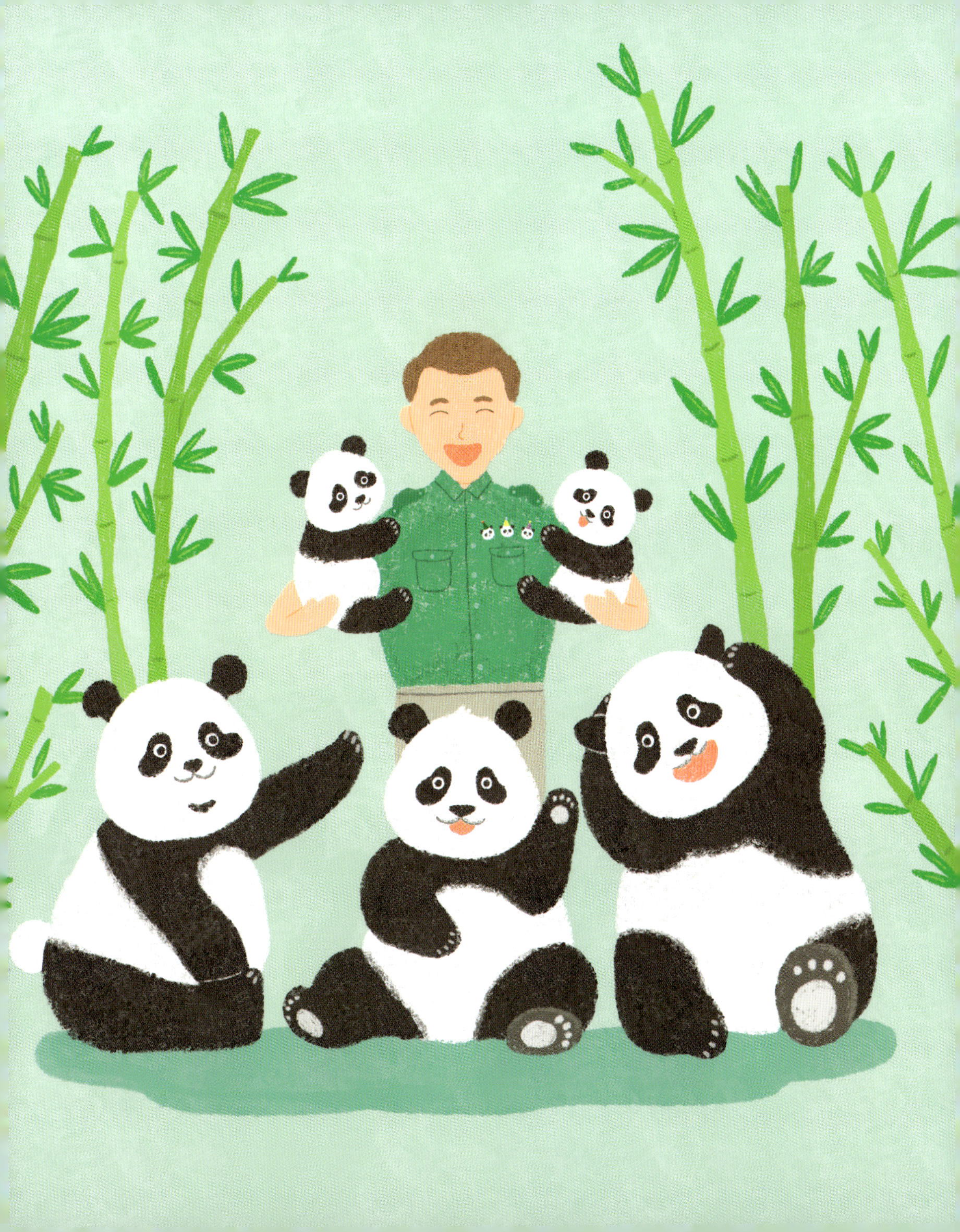

給親愛的福寶：

嗨，
一直帶給我們幸福的寶物，
我們永遠的小貓熊寶貝，福寶！

我正在寫這封信，給即將離開我們身邊的你。
雖然早已知道這一天終究會到來，也做好了心理準備，
卻沒有想像中那麼容易。

明明知道你看不懂我寫的字，還是寫下了這封信。
或許，這是寫給我自己的話吧。
不過身為其中一個愛你的人，
只願這份祝你未來幸福的心意，能好好傳遞給你。

福寶，你對我而言，是非常特別的存在。
就像許多人在困難的時候遇見你，獲得重新站起來的力量一樣，
雖然我從沒跟你說過，但我也是其中之一。
那時的我在低潮中遇見了福寶，
與你相處的日子，慢慢治癒了傷痛，
我得以一步一步，重新走進幸福的世界裡。
正因為你是如此特別的存在，
我才希望你的每一天都充滿著特別的幸福。

我相信認識你的人，都跟我懷著一樣的心情，
謝謝你教會我，不要放棄，要繼續往前走。

仔細想想，是不是真的很奇妙？
我們成為互相給予、彼此連結，為對方著想的存在。
這就是福寶帶給我和我們最珍貴的禮物與寶藏。

福寶，我們從一開始就知道，終究會迎來離別，
或許正因為如此，我們才努力讓每一天都不留遺憾。
每天我們都用盡全力，
與你分享愛，交流每一個瞬間，
在你啟程之前，我會將充滿幸福回憶的禮物送給你。

很多人問我：
「福寶的離開是對的嗎？」
「為什麼要讓幸福的孩子承受悲傷呢？」

我想，現在是告訴你這個故事的時候了。

福寶，你的爸爸媽媽也曾為了尋找更幸福，踏上遙遠的旅程，
他們在這裡熬過了困難的時光，現在正過著幸福的生活。
現在，到了福寶為了自己的幸福，
踏上漫長旅程的時候了。

人生路上難免會遇到困難與挫折，
那是誰都無法避免的。
但只要熬過那些日子，你就會發現，
更有價值且珍貴的幸福寶物將來到你身邊。
就像你所愛的爸爸媽媽一樣。

福寶，現在你應該可以理解，為什麼必須離開這裡了吧？
因為那裡有屬於你的幸福人生。

記住哦，福寶，
你的故事從一開始就是幸福的結局。

記住哦，福寶，
當你疲憊又辛苦的時候，還有愛你、支持你的家人們在這裡。

你知道嗎，福寶？
遇見你這隻小貓熊，對我來說就像是一場奇蹟。

我愛你。

福寶永遠的小爺爺，
宋寶

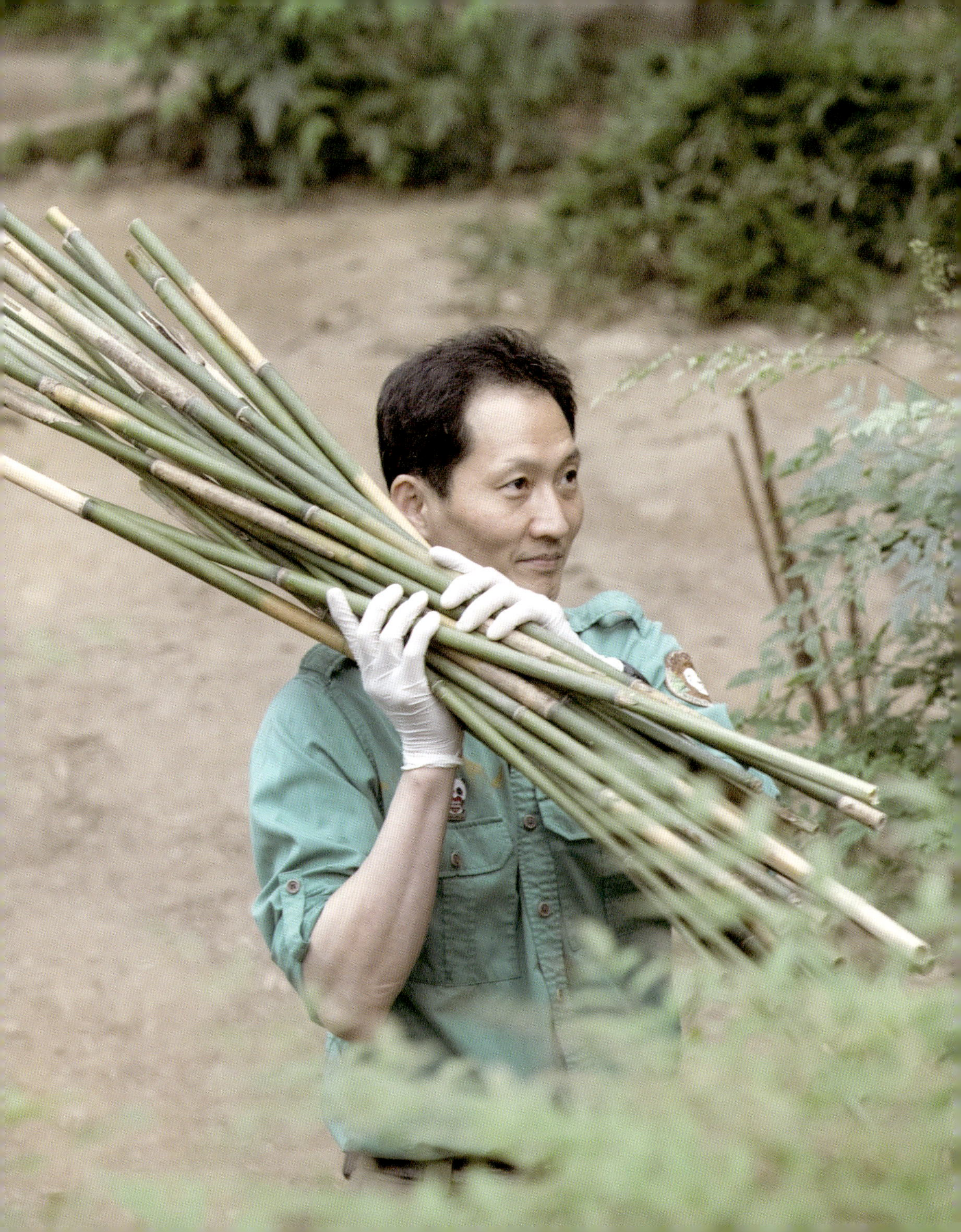

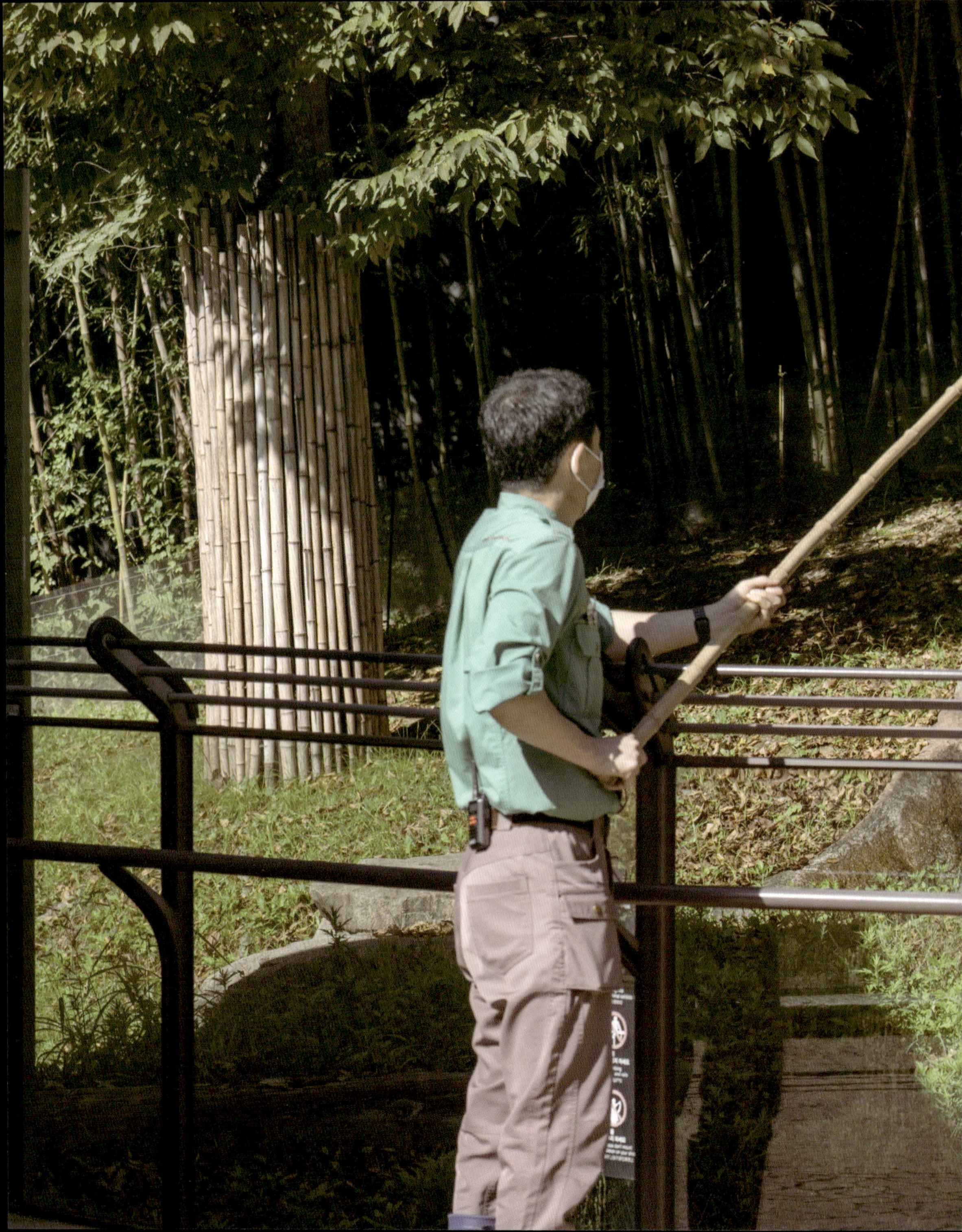

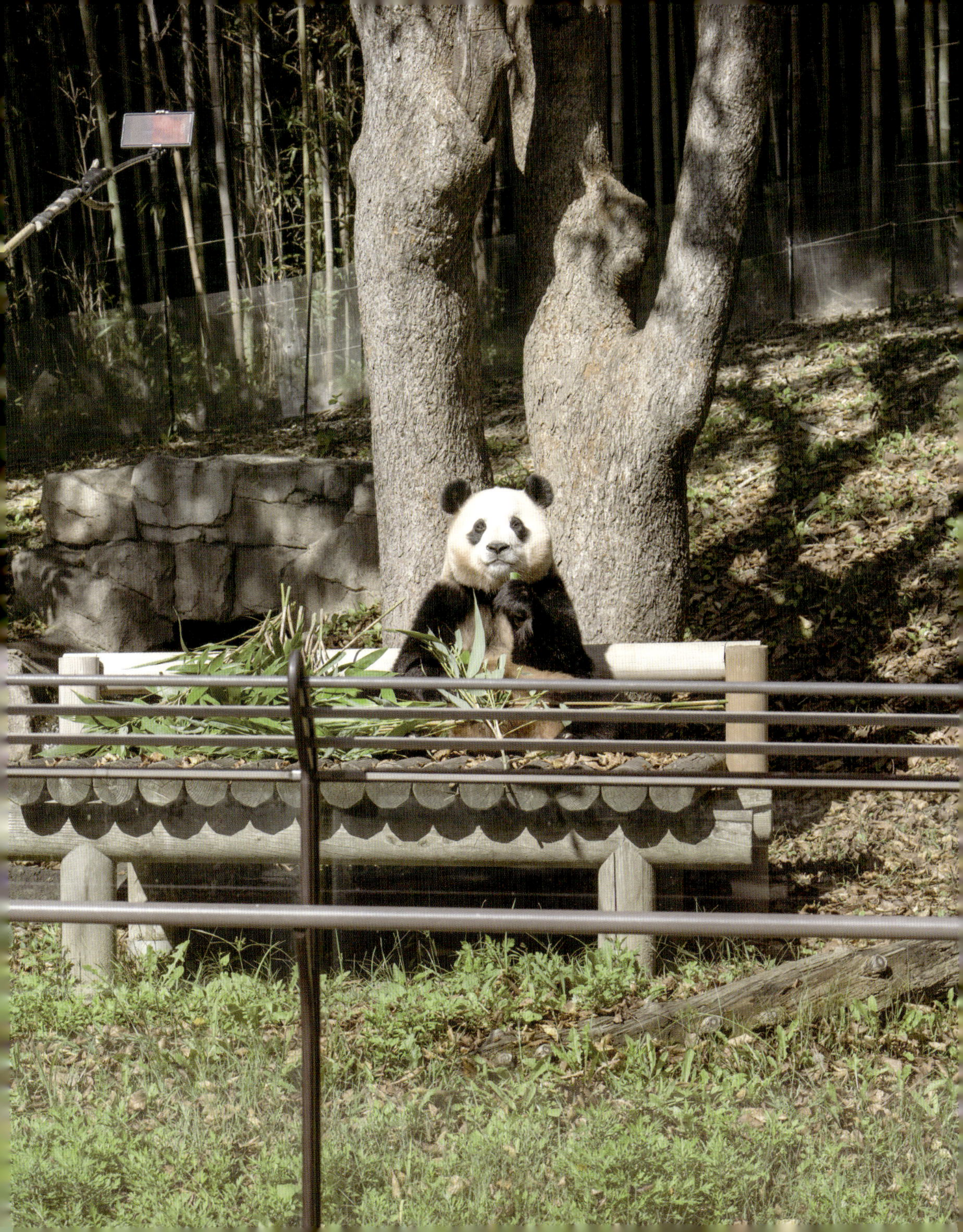

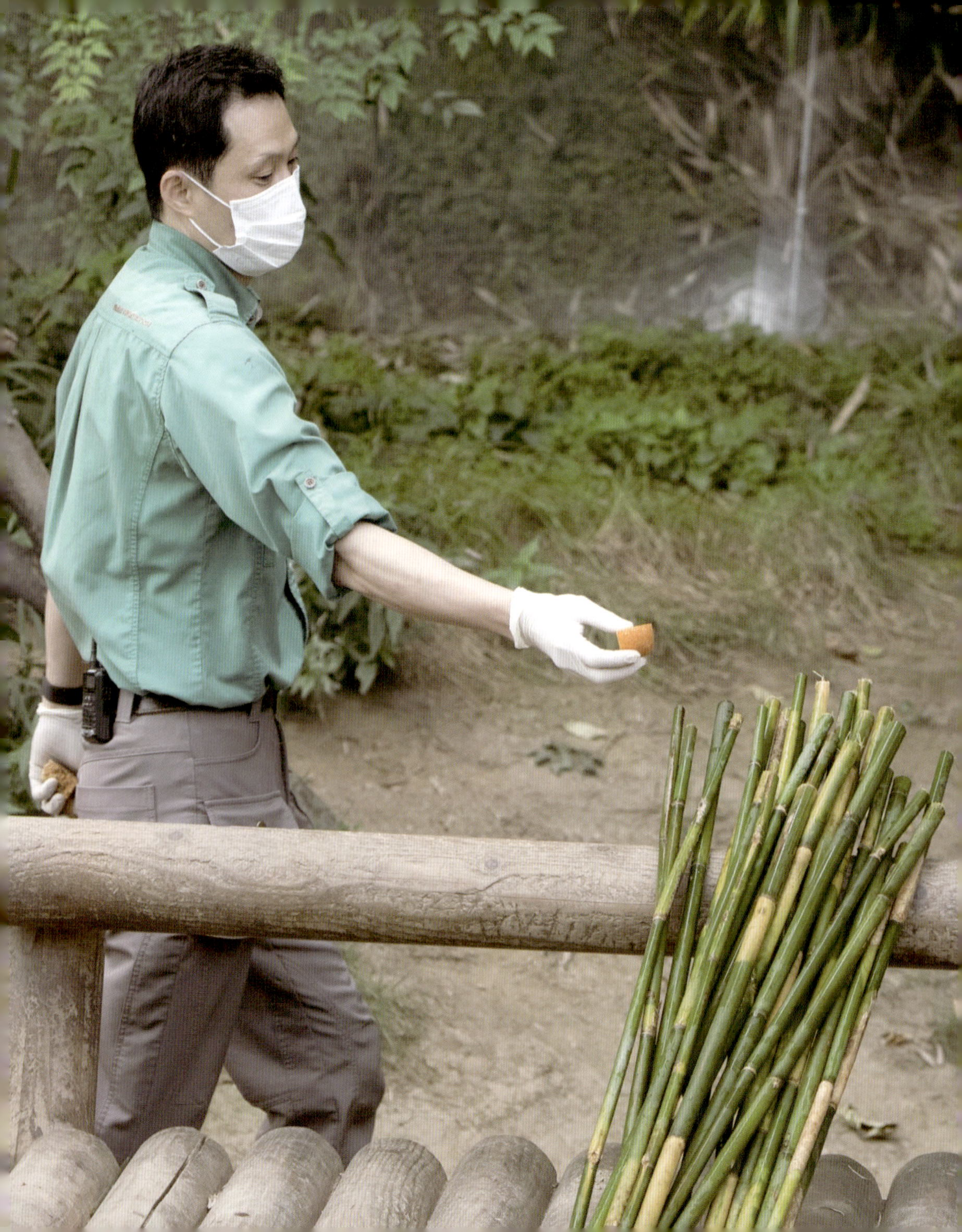

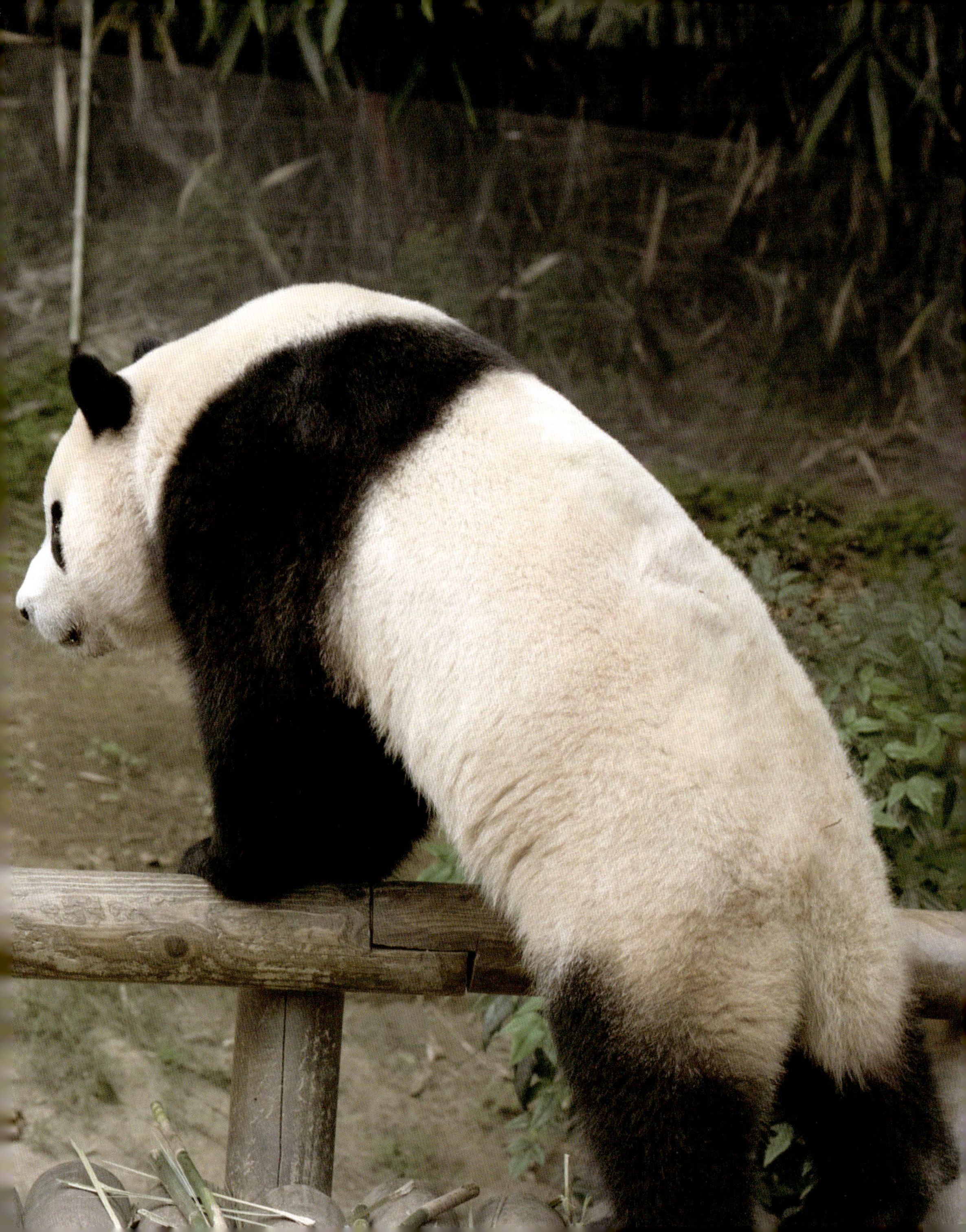

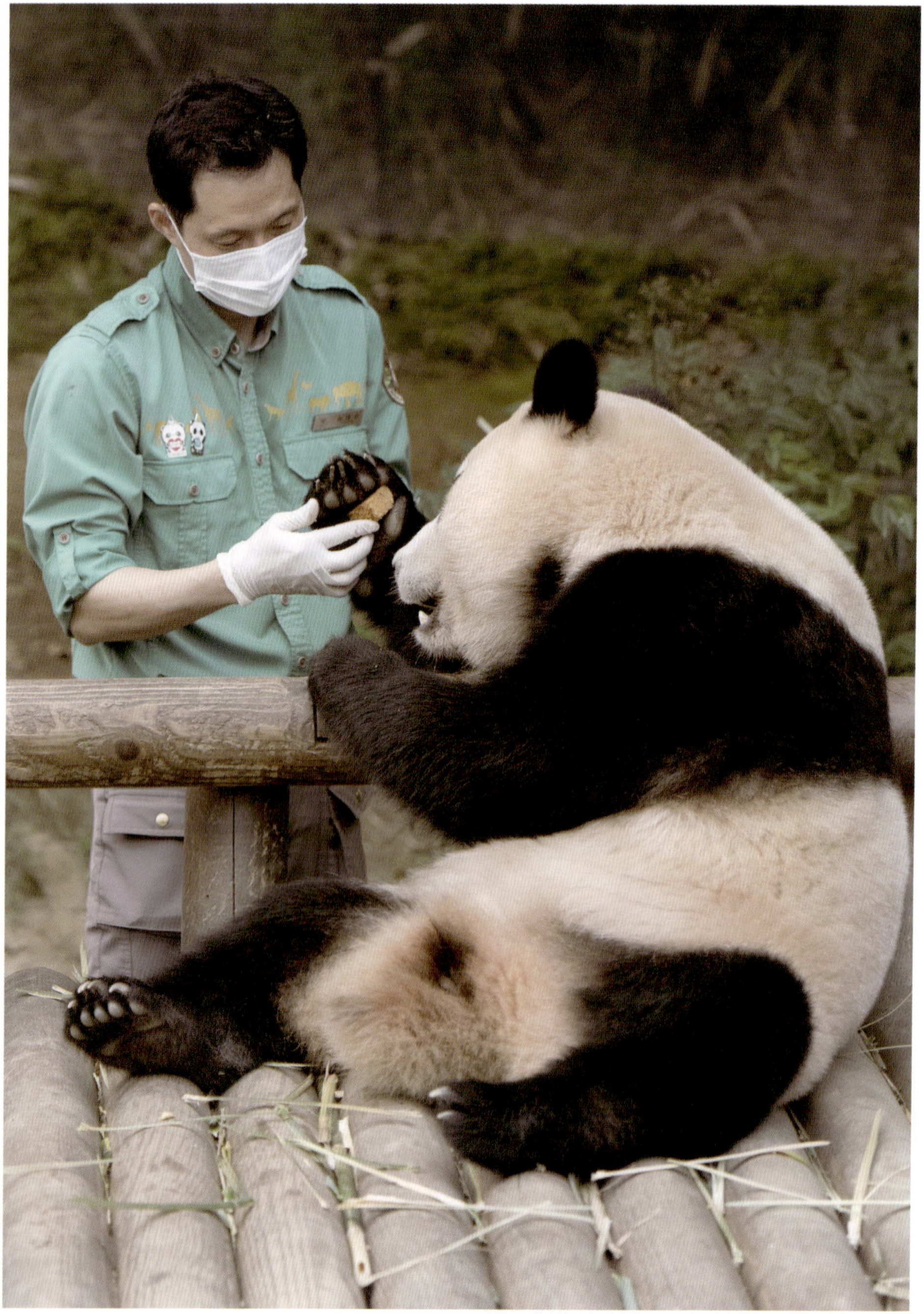

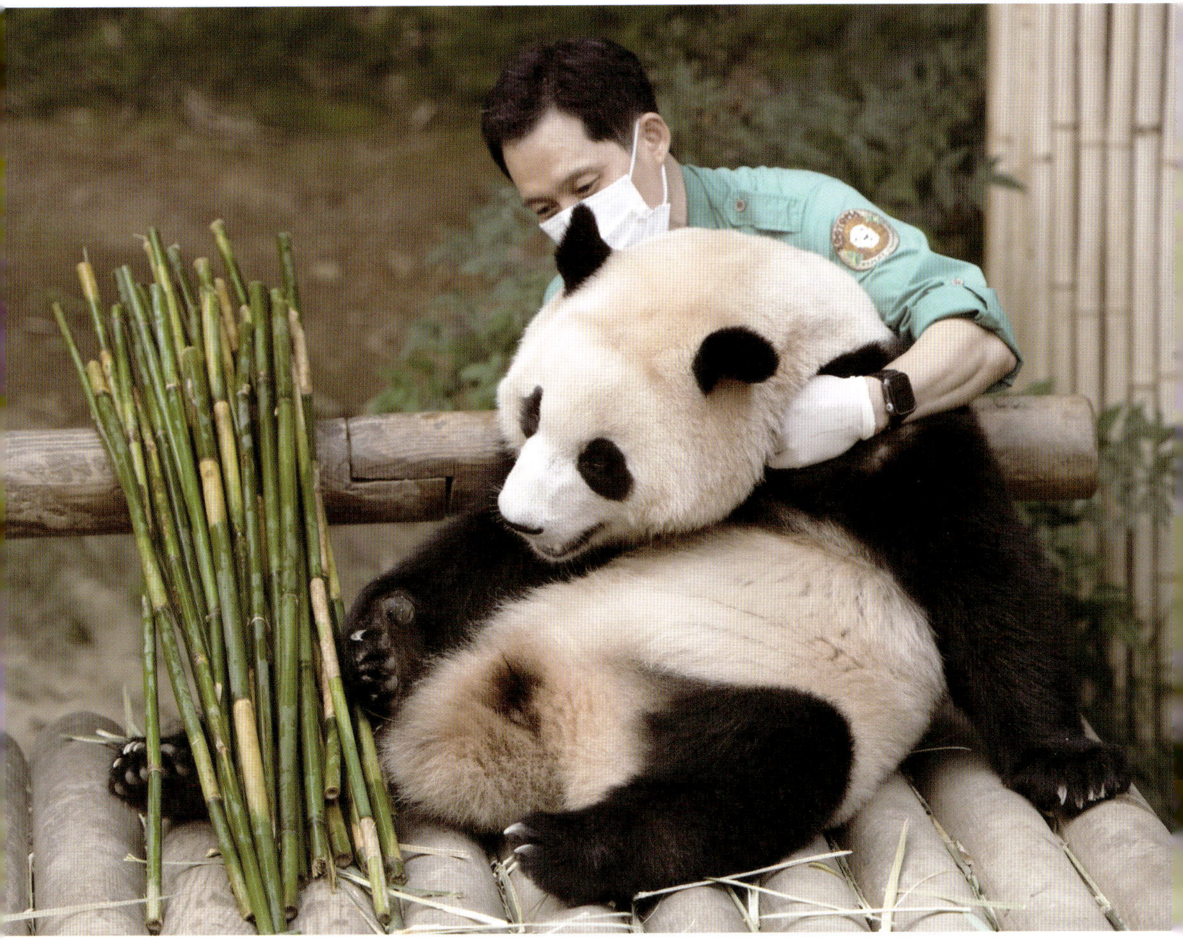

作者的話

幸福的動物園

在遇見貓熊家族之前，我曾經煩惱許久，該從哪裡開始說起這段故事呢？我想，就從2007年開始好了，當時正值韓國與中國建交十五週年，我遇見了來自中國的川金絲猴一家。負責川金絲猴一家的我，既是照顧他們的保育員，也成為了他們的家人。同年，我也參與了長達二十多年，卻仍困難重重的黑猩猩繁殖計畫。時間來到2010年，我們終於成功繁殖出川金絲猴與黑猩猩。雖然當時自己還有許多不足，但身為他們的保育員與家人，在協助他們的過程中，我學到了唯有正確理解物種的特性，才能真正給予幫助。那是一段令我感激的時光。

2015年，我負責照顧即將來到愛寶樂園貓熊世界的一對大貓熊。恰巧川金絲猴一家也一同生活在貓熊世界裡，因此熟悉他們的我，也跟著加入了新團隊。與自己長年照顧並建立深厚情誼的動物道別，果然不是一件容易的事。當我猶豫不決的時候，動物園園長寫了一封電子郵件給我，他說我是一位會自主學習的保育員，才把這項任務交付給我，請我多多照顧，並鼓勵我不要擔心，因為肯定不會失敗。我讀著信中滿滿的鼓勵與叮嚀，更加堅定了身為保育員的使命感。我開始研究大貓熊，為了理解他們在發情期的行為與習性會有哪些變化，甚至往返於中國與日本兩地。我與其他

保育員、獸醫還有同事們，在進行愛寶與樂寶的繁育時，投注了大量心力。多虧大家的努力，愛寶與樂寶成功適應新環境，在貓熊世界展開全新的生活，後來還生下了福寶，以及雙胞胎睿寶與輝寶，他們一起成為了寶家族的一份子。剛開始加入貓熊世界時，我的內心還帶著過往沉重的傷痛，不確定自己是否準備好再次建立深刻的情誼，如今回頭看這段與大貓熊結下的緣分，感到幸福又感謝。

遇見寶家族，還有福寶的誕生，讓身為保育員的我也迎來許多轉變。更多人開始稱呼我為「宋寶」，我也參與了YouTube的拍攝，向大眾們分享貓熊們充滿魅力的日常生活，甚至還在有點晚的年紀，就讀文藝創作系學習寫作。透過YouTube影片與書寫，我得以傳遞野生動物神祕的能力與訊息，也縮短了與大眾在心理和物理上的距離。YouTube影片展現保育員與貓熊之間深厚的連結，書寫則承載貓熊豐富的情感與重要訊息。多虧如此，我能夠與大眾建立更緊密的溝通，分享這些珍貴的故事，這不僅拓展了保育員的工作面向，也讓我原本的工作內容更全面、更完善。當然，光是保育員的基本工作就已經非常繁忙，要另外投入時間和心力嘗試新事物並不容易。但能夠真誠且透明地展現保育員的角色與責任，並向大眾傳遞保

護野生動物的重要性，讓我打從心底感到喜悅。

與受到保育員照顧的野生動物一起生活，總讓我想成為更好的保育員。YouTube影片和寫作也幫助成長，因為我的言語、文字和行動都會反映出我是什麼樣的保育員，這促使我保持一顆持續學習、努力的心。我想對寶家族與福寶說聲謝謝，正是他們讓我堅定了自己的信念，作為一名保育員，我要與世界分享野生動物的故事，並感動人心。

我相信各位讀者也透過貓熊們的日常生活，產生了不少變化。寶家族與福寶的故事深入大家的生活，帶來喜悅與愛，而如今，我們也開始關心他們的幸福。

曾經有位青少年觀眾問我：「野生的貓熊比較快樂，還是動物園裡的貓熊比較快樂？」當時我回答不出來，但現在，我好像找到答案了。「如果他們能生活在符合自身特性的環境與空間裡，保有野生的生活方式與習性，並在正確的引導下，健康展現出他們神祕的能力。換句話說，如果能夠專注於自己的生活，那麼在這個保護瀕危物種的動物園裡，貓熊是快樂的。」我想，這就是寶家族帶給我們的訊息。與其爭論某個設施的存廢，不如更務實地來看，我們究竟為了保護他們的幸福與生命多樣性做了哪些努力。現在，是我們該一起思考的時候了。

大自然與野生動物總是默默完成自己的使命，這是我們應該向他們學習的道理。與寶家族相處的過程中，我們已經領悟了許多。希望所有被寶家族的生活療癒的人們，將關心與愛擴及到身邊更多動物的幸福上，成為除了「我」以外，「我們」共同生活的故事。

我想向許多人表達感謝。首先，感謝動物烏托邦裡的動物朋友們，一直在我們身邊，展現神祕的能力。感謝不停為寶家族的幸福努力奔走的貓熊世界團隊、為寶家族的健康盡心盡力的獸醫團隊，還有日以繼夜思考如何改善動物環境與福祉，並將他們的生命故事分享給大眾的園長與所有保育員同事們。感謝從引進貓熊開始，就展開共同研究的「中國大熊貓保護研究中心」及所有相關人員，特別感謝遠從中國來到愛寶樂園，探望福寶、睿寶與輝寶的吳凱老師與王平峰老師。還有，將充滿智慧與光芒的愛、喜悅及幸福，獻給讓寶家族變得更加特別的粉絲們。最後，感謝一直支持我的家人們，我愛你們。

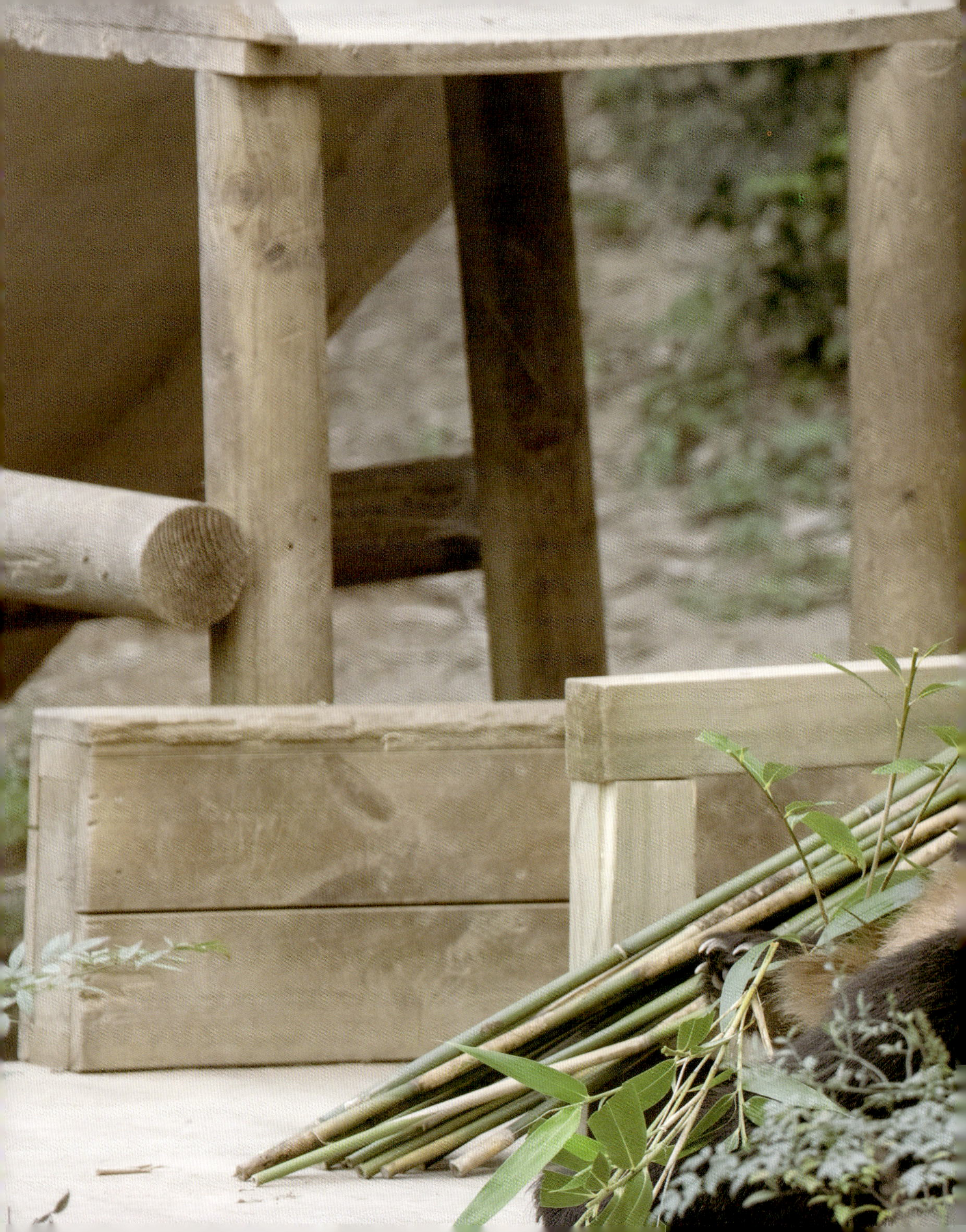

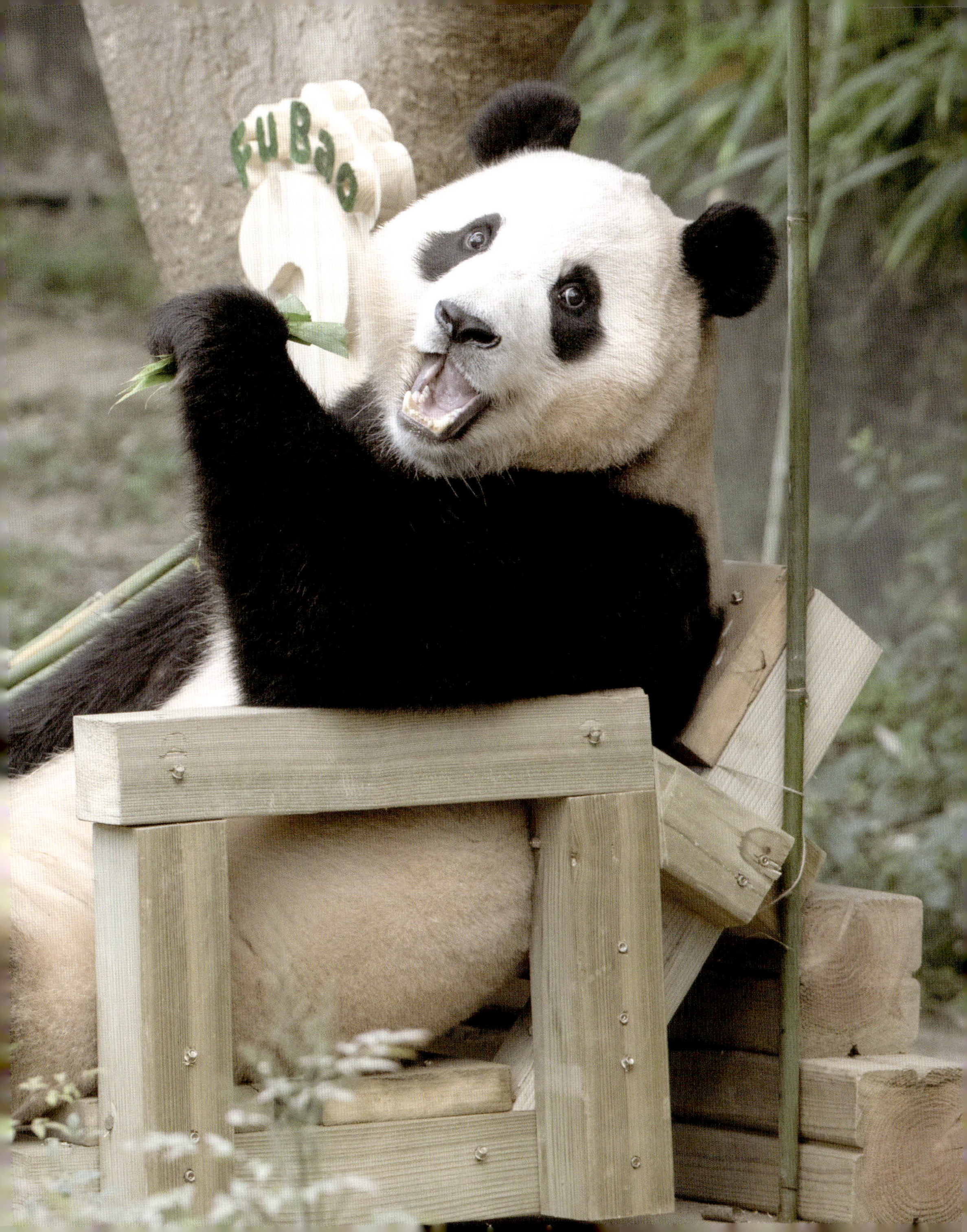
Fu Bao

萬象 10
전지적 푸바오 시점
全知福寶視角

作　　　者	宋永寬（송영관）
攝　　　影	柳汀勳（류정훈）
譯　　　者	曹雅晴

堡壘文化有限公司

總　編　輯	簡欣彥
副　總　編　輯	簡伯儒
責　任　編　輯	梁燕樵
行　銷　企　劃	黃怡婷
封　面　設　計	FE
內　頁　排　版	FE
出　　　版	堡壘文化有限公司
發　　　行	遠足文化事業股份有限公司（讀書共和國出版集團）
地　　　址	231新北市新店區民權路108-3號8樓
電　　　話	02-22181417
Email	service@bookrep.com.tw
網　　　址	http://www.bookrep.com.tw
法　律　顧　問	華洋法律事務所　蘇文生律師
印　　　製	呈靖彩藝有限公司
ISBN	978-626-7728-12-3
EISBN	978-626-7728-31-4（EPUB）
EISBN	978-626-7728-32-1（PDF）
初　版　一　刷	2025年8月
定　　　價	680元

전지적 푸바오 시점 (OMNISCIENT VIEWPOINT OF FUBAO)
Text and Photograph © Everland 2023
Text © Song Young Kwan (Everland) 2023
Photograph © Ryu Jeong Hun (Everland Communication Group) 2023
First published in Korea in 2023 by Wisdom House, Inc.
Taiwan Translation Copyright © 2025 by Infortress Publishing Ltd.
This edition is published by arrangement with Wisdom House, Inc.

著作權所有・翻印必究All Rights Reserved.
特別聲明：有關本書中的言論內容，不代表本公司／出版集團之立場與意見，文責由作者自行承擔。

國家圖書館出版品預行編目（CIP）資料

全知福寶視角／宋永寬（송영관）著. 柳汀勳（류정훈）攝影. 曹雅晴譯 – 初版. – 新北市：堡壘文化有限公司出版：遠足文化事業股份有限公司發行, 2025.8

（萬象；10）
譯自：전지적 푸바오 시점
ISBN 978-626-7728-12-3(精裝)　　1.CST: 貓熊科 2.CST: 動物保育 3.CST: 通俗作品

389.811　　　　　　　　　　　114008975